中华精神家园

科技回眸

生物寻古

生物历史与生物科技

肖东发 主编　余海文 编著

中国出版集团

现代出版社

图书在版编目（CIP）数据

生物寻古 / 余海文编著. — 北京：现代出版社，
2014.10（2019.1重印）
　（中华精神家园书系）
　ISBN 978-7-5143-2993-3

　Ⅰ．①生…　Ⅱ．①余…　Ⅲ．①生物学史－中国－古代
Ⅳ．①Q-092

中国版本图书馆CIP数据核字（2014）第236349号

生物寻古：生物历史与生物科技

主　　编：肖东发
作　　者：余海文
责任编辑：王敬一
出版发行：现代出版社
通信地址：北京市定安门外安华里504号
邮政编码：100011
电　　话：010-64267325　64245264（传真）
网　　址：www.1980xd.com
电子邮箱：xiandai@cnpitc.com.cn
印　　刷：固安县云鼎印刷有限公司
开　　本：710mm×1000mm　1/16
印　　张：9.75
版　　次：2015年4月第1版　2021年3月第4次印刷
书　　号：ISBN 978-7-5143-2993-3
定　　价：29.80元

党的十八大报告指出："文化是民族的血脉，是人民的精神家园。全面建成小康社会，实现中华民族伟大复兴，必须推动社会主义文化大发展大繁荣，兴起社会主义文化建设新高潮，提高国家文化软实力，发挥文化引领风尚、教育人民、服务社会、推动发展的作用。"

我国经过改革开放的历程，推进了民族振兴、国家富强、人民幸福的中国梦，推进了伟大复兴的历史进程。文化是立国之根，实现中国梦也是我国文化实现伟大复兴的过程，并最终体现为文化的发展繁荣。习近平指出，博大精深的中国优秀传统文化是我们在世界文化激荡中站稳脚跟的根基。中华文化源远流长，积淀着中华民族最深层的精神追求，代表着中华民族独特的精神标识，为中华民族生生不息、发展壮大提供了丰厚滋养。我们要认识中华文化的独特创造、价值理念、鲜明特色，增强文化自信和价值自信。

如今，我们正处在改革开放攻坚和经济发展的转型时期，面对世界各国形形色色的文化现象，面对各种眼花缭乱的现代传媒，我们要坚持文化自信，古为今用、洋为中用、推陈出新，有鉴别地加以对待，有扬弃地予以继承，传承和升华中华优秀传统文化，发展中国特色社会主义文化，增强国家文化软实力。

浩浩历史长河，熊熊文明薪火，中华文化源远流长，滚滚黄河、滔滔长江，是最直接的源头，这两大文化浪涛经过千百年冲刷洗礼和不断交流、融合以及沉淀，最终形成了求同存异、兼收并蓄的辉煌灿烂的中华文明，也是世界上唯一绵延不绝而从没中断的古老文化，并始终充满了生机与活力。

中华文化曾是东方文化摇篮，也是推动世界文明不断前行的动力之一。早在500年前，中华文化的四大发明催生了欧洲文艺复兴运动和地理大发现。中国四大发明先后传到西方，对于促进西方工业社会的形成和发展，曾起到了重要作用。

　　中华文化的力量，已经深深熔铸到我们的生命力、创造力和凝聚力中，是我们民族的基因。中华民族的精神，也已深深植根于绵延数千年的优秀文化传统之中，是我们的精神家园。

　　总之，中华文化博大精深，是中国各族人民五千年来创造、传承下来的物质文明和精神文明的总和，其内容包罗万象，浩若星汉，具有很强的文化纵深，蕴含丰富宝藏。我们要实现中华文化伟大复兴，首先要站在传统文化前沿，薪火相传，一脉相承，弘扬和发展五千年来优秀的、光明的、先进的、科学的、文明的和自豪的文化现象，融合古今中外一切文化精华，构建具有中国特色的现代民族文化，向世界和未来展示中华民族的文化力量、文化价值、文化形态与文化风采。

　　为此，在有关专家指导下，我们收集整理了大量古今资料和最新研究成果，特别编撰了本套大型书系。主要包括独具特色的语言文字、浩如烟海的文化典籍、名扬世界的科技工艺、异彩纷呈的文学艺术、充满智慧的中国哲学、完备而深刻的伦理道德、古风古韵的建筑遗存、深具内涵的自然名胜、悠久传承的历史文明，还有各具特色又相互交融的地域文化和民族文化等，充分显示了中华民族的厚重文化底蕴和强大民族凝聚力，具有极强的系统性、广博性和规模性。

　　本套书系的特点是全景展现，纵横捭阖，内容采取讲故事的方式进行叙述，语言通俗，明白晓畅，图文并茂，形象直观，古风古韵，格调高雅，具有很强的可读性、欣赏性、知识性和延伸性，能够让广大读者全面接触和感受中国文化的丰富内涵，增强中华儿女民族自尊心和文化自豪感，并能很好继承和弘扬中国文化，创造未来中国特色的先进民族文化。

2014年4月18日

生物古记——早期生物学

归类研究——动植物分类

昆虫研究——昆虫的利用

近世成就——明清生物学

早期生物学

辽阔的中华大地蕴藏有丰富的动植物资源，从远古时候起，中华民族的祖先就繁衍生息在这块富饶的土地上。他们辨认和品尝各种野生动植物，从中获得了种种经验和知识，并以当时的方式记录了下来。

甲骨文象形文字，表明人们对生物世界的思考。《禹贡》等早期古籍，展示了当时华夏大地动植物分布概况。《庄子》等对食物链的记载，对后来动植物研究有积极影响。此外，古人对环境的保护意识，反映了早期生物资源保护思想，具有生态学意义。

甲骨文中的动植物知识

甲骨文是殷商时期使用过的一种文字。这些刻在动物骨骼上的象形文字，有不少反映了三四千年前人们对生物世界的思考。

商代甲骨文中有不少动植物的名称。反映了当时人们已能根据动植物的外形特征，辨认不同种类的动、植物，从而出现最早的动植物分类雏形。

通过殷墟甲骨文中有关动物的文字，可以发现古人对自然界的观察是非常细致的。说明当时人们对文字的概括与总结具有较高的科学性。

■ 殷墟出土的甲骨文

1899年秋，清代朝廷任国子监祭酒的王懿荣得了疟疾，就派人到宣武门外菜市口达仁堂买了一剂中药。王懿荣是金石学家，也是个古董商，他担任的国子监祭酒是当时朝廷教育机构的最高长官。

中药买回来后，王懿荣无意中看到其中的一味叫龙骨的中药上面有一些符号。龙骨是古代脊椎动物的骨骼，在这种几十万年前的骨头上怎会有刻画的符号呢？这不禁引起他的好奇。

■ 西安出土的甲骨文

对古代金石文字素有研究的王懿荣便仔细端详起来，觉得这不是一般的刻痕，很像古代文字，但其形状非大篆也非小篆。

为了找到更多的龙骨进行深入研究，王懿荣派人赶到达仁堂，以每片2两银子的高价，把药店所有刻有符号的龙骨全部买下。后来又通过古董商范维卿等人进行收购，累计共收集了1500多片。

王懿荣把这些奇怪的图案画下来，经过长时间的研究，最后确信这是一种文字，而且比较完善，应该是殷商时期的。

王懿荣对甲骨的收购，逐渐引起当时学者重视，而古董商人则故意隐瞒甲骨出土地，以垄断货源，从

国子监 是我国古代隋朝以后的中央官学，为我国古代教育体系中的最高学府，又称"国子学"或"国子寺"。明朝时期行使双京制，在南京、北京分别都设有国子监，设在南京的国子监被称为"南监"或"南雍"，而设在北京的国子监则被称之为"北监"或"北雍"。

■ 甲骨文历法

图腾 是原始人群体的亲属、祖先、保护神的标志和象征，是人类历史上最早的一种文化现象。运用图腾解释神话、古典记载及民俗民风，往往可获得举一反三之功。图腾就是原始人迷信某种动物或自然物同氏族有血缘关系，因而用来做本氏族的徽号或标志。

中渔利。王懿荣好友刘鹗等派人到河南多方打探，都以为甲骨来自河南汤阴。

后来，清代末期另一位金石学家罗振玉经过多方查询，终于确定甲骨出土于河南安阳洹河之滨的小屯村，从而率先正确地判定了甲骨出土处的地理位置。

后来的研究者根据这一线索，找到了龙骨出土的地方，就是现在的河南安阳小屯村，那里又出土了一大批龙骨。

因为这些龙骨主要是龟类兽类的甲骨，所以研究者们将刻在甲骨上的文字命名为"甲骨文"，研究它的学科就叫作"甲骨学"。而王懿荣也被称为"中国甲骨文之父"。

据学者研究，商朝甲骨文是我国比较成熟的，刻写在龟甲或兽骨上的文字，汉字的"六书"原则，在甲骨文中都有所体现。甲骨文主要用于占卜，同时其中还有许多关于动植物的信息。商代甲骨文中有关动物的汉字，说明了商代人与自然密切的关系。

从甲骨文中，不仅可以考察到当时生存在这个环境中动物的类别，而且还可以了解到商代社会的各项活动，特别是田猎、农业与畜牧业、手工艺、宗教仪式等，都以动物群体的生存和利用为社会支柱。

在商代人心中，动物是图腾、是祖先、是天帝使者、是人类伴侣，又是残害人类的恶魔，还是人类征服的对象，是善与恶的不同角色，这使动物成为商代文化表现的主要内容。

甲骨文中关于动植物的字形结构很有特点。比如，植物有禾、木两类，甲骨文的草、木不分，有时草、竹也不分，禾，即由木分化而来。

甲骨文中的"禾"字，就像成熟下垂的禾穗，是禾本科作物形象的反映。甲骨文中有许多带禾的字，如黍、稻等。

甲骨文中的"木"字，就是树木的形状，从木的栗字，就形似结满了栗子的树木，其他带木的字还有桑、柳、柏、杏等。

甲骨文中还有4种象形鹿类动物的名称，就是鹿、麝、麋、麈。虽然它们整体形象不同，有的有角，有的没有角；有的角短，有的角长并有分枝；有的腹下有香腺，有的没有。

但这些作为动物名称的象形字，都有一个共同的象形的"鹿"作为它们的基本形制。这里面，实际上包含有将一些性状相近的动物归为一个类群的意思。

鹿是古代狩猎最重要的对象，所以古代人很熟悉鹿的生活习性。甲骨文中有"麓"字，形状就像鹿在树林中间。

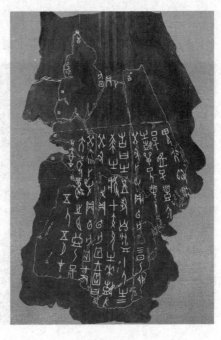

■ 河南安阳殷墟出土的甲骨文

六书 汉字造字方法。汉字的构成和使用方式的6种类型，包括象形、指事、形声、会意、转注、假借。六书说是最早的关于汉字构造的系统理论。六书是后来的人把汉字分析而归纳出来的系统。然而，有了六书系统以后，人们再造新字时，都以该系统为依据。

生物寻古

生物历史与生物科技

鹿喜欢在山林中生活,以鹿所喜爱的树林栖息地表示山麓,正是古人造字的原意,反映了古代人们对生物与环境关系的了解。

在甲骨文中,龙的写法有四足,而且麟纹、巨口、长尾,就像鳄鱼的样子。扬子鳄在史籍中称为"鼍",甲骨文中把"鼍"写得像一张伸展开的鳄鱼皮。鳄鱼有一张血盆大口,巨齿成排,鳞甲坚硬,四足修尾,水陆两栖,鸣声如雷,都与"龙"的特征一致。在我国传统文化中,龙是权势、高贵、尊荣的象征,又是幸运和成功的标志。

大象是商代人进行艺术创作的重要主题,在商代青铜器和玉器纹饰中多有表现。在商代都城的王陵区考古中,不只一次地发现当时人们用大象或幼象做祭牲的祭祀坑。

在《吕氏春秋·古乐篇》中也有"殷人服象"的记载。在甲骨卜辞中,有这样的问讯:"今天晚上有

■殷墟甲骨文

雨，能擒获大象吗？"另一辞说："殷王田狩于楚地，获大象二匹。"类似这种猎象内容的甲骨卜辞有很多，说明商代的野生大象和其他动物一样，是商王狩猎的主要对象。

正是因为河南是当时大象的主要栖息地，因此，河南又有一名称为"豫"，豫字就是殷人服象的图形再现。

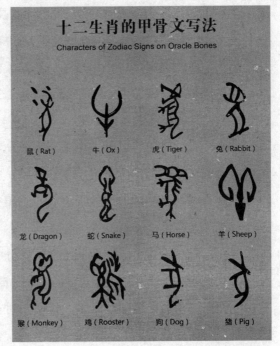

十二生肖的甲骨文写法
Characters of Zodiac Signs on Oracle Bones

鼠（Rat）　牛（Ox）　虎（Tiger）　兔（Rabbit）

龙（Dragon）　蛇（Snake）　马（Horse）　羊（Sheep）

猴（Monkey）　鸡（Rooster）　狗（Dog）　猪（Pig）

《说文解字》中说："长鼻牙，南粤大兽，三季一乳，象耳牙四足之形。"象字后来多引申为指具体的形状，又泛指事物的外表形态，如形象、景象、星象、气象、现象等。

虎，在甲骨卜辞中保持最原始的图形。有突出的牙和爪表现。这种凶猛的动物较难擒获，因此卜辞中提到的大型围猎活动中，虎经常只获到一或二只。

兕，是一种曾经生存在黄河流域的野生大青牛，另一种说法是犀牛，因为在殷墟遗址中，发现过犀牛的骨骼，但大量都是野牛之骨。

武丁时卜辞有这样一条记载：

　　癸卯这天用焚烧的办法获到了兕十一头，野猪十五头，獐二十一头。

卜辞　殷人占卜，常将占卜人姓名、占卜所问之事及占卜日期、结果等刻在所用龟甲或兽骨上，间或亦刻有少量与占卜有关的记事，这类记录文字通称为卜辞。一条完整的卜辞，可分前辞、命辞、占辞、验辞等几部分。前辞，记占卜的时间和人名。命辞，指所要占卜的事项。占辞，记兆文所示的占卜结果。验辞，记事后应验的情况。卜辞是我国现存最早的文字。

除了上述文字外，甲骨文中关于动物类的文字还有很多，如：虫、鱼、鸟、犬、豕、马等。这些文字，同样具有丰富的史料价值。

此外，在动物文字中也出现了一些与武器相关的字，而且展现出武器的不同用途，或杀戮，或割裂，等等。这在一定程度上可以展示商代狩猎工具的先进性与多样性。

总之，通过对殷墟甲骨文中关于部分动物文字的研究，不仅可以了解当时殷墟周围的动物种类、生态环境、狩猎工具制造情况，也可以考察到当时社会生活的方方面面，包括田猎、农业与畜牧业、手工艺、宗教仪式等。

而且，通过研究甲骨文中关于动物部分的文字，可以寻找出中国文字的发展脉络，这为研究古文字提供了可贵的实物材料。

甲骨文中动物种类如此繁多，说明当时在殷墟周围河流纵横、沼泽密布，气候温暖湿润，树木参天、水草丰盛，拥有很多良好的天然牧场，活跃着很多珍奇异兽。通过甲骨文中动物种类的分析，可以充分体现当时中原地区的环境特征。

阅读链接

清代末期金石学家王懿荣对甲骨文刚做出确认时，还没来得及深入研究，形势即发生动荡，他被任命为京师团练大臣。皇室人员为避难离京后，王懿荣彻底失望了。

他对家人说："吾义不可苟生！"随即写了一首绝命词毅然服毒坠井而死，年方56岁。

王懿荣殉难后，他所收藏的甲骨转归好友刘鹗。刘鹗于1903年拓印《铁云藏龟》一书，将甲骨文资料第一次公开出版。后来，人们在王懿荣的家乡山东省烟台市福山区建纪念馆，以纪念这位"中国甲骨文之父"。

早期动植物地理分布

远在最古老的地理文献形成以前，地理知识的发生和发展必然经历一个长期过程。

地球上某一动植物的群落类型在地表的分布，早在很久以前就被人类所逐渐认识。

我国古代劳动人民在长期与自然作斗争的过程中，大大增加了对华夏各地动植物的了解。

在《禹贡》《山海经》《周礼》等早期古典著作中，都蕴藏有丰富的有关动、植物地理分布方面的知识。

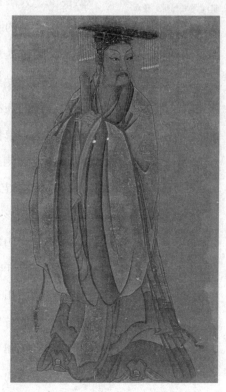

■夏禹王像

生物寻古

生物历史与生物科技

■《禹定九州》壁画

大禹 姒姓夏后氏，名文命，号禹，后世尊称大禹，是黄帝轩辕氏玄孙、我国奴隶制的创始人。在治水的过程中，禹走遍天下，对各地的地形、习俗、物产等皆了如指掌。大禹重新将天下规划为9个州，并制订了各州的贡物品种。

据传说，大禹在治水时派一个叫竖亥的人，测量东西间和南北间的距离。

竖亥又名"太章"，是一个步子极大，特别能走的人物。他率领专员，踏遍了中华大地，进行了较精确的测量。他们在测量时，发明了测量土地的步尺，还有量度的基本单位尺、丈、里等。竖亥从东极到西极大踏步行走，测得2.334575亿步，又从南极到北极大踏步行走，测得2.37575亿步。

大禹根据竖亥测得的结果，又测量了洪水的深度，然后从昆仑山取来息壤，治平洪水。息壤就是草木灰，据说它能自己生长，永不耗减，与水势相抗衡。他又根据山川土壤和植被情况把华夏大地划定为"九州"，它们分别是：徐州、冀州、兖州、青州、扬州、荆州、梁州、雍州和豫州。九州的土壤和植被情况反映在了《尚书·禹贡》当中。

《禹贡》的出现与我国战国时代的人们为发展生产，而对各地自然条件进行评价具有密切关系，它记述了九州、山川、土壤、草木、贡赋等情况。其中对兖州、徐州、扬州的土壤和植被情况有很好的记载。

《禹贡》记载：在兖州，土壤是灰棕壤，草本植物生长繁茂，木本植物长得挺拔高耸，土壤肥力中下；徐州的土壤为棕壤，草质藤本植物生长良好，木本植物主要为灌木丛；扬州的土壤是黏质湿土，长着大小各种竹林和茂盛的草本植物，并长有许多高大的乔木。

《禹贡》指出，不同的土壤上所生长的植物是不一样的。由于地域不同、地理条件的差异，草木种类就不一样。所以，种植的粮食作物也应根据具体情况而有所差别。《禹贡》的作者正是通过动植物情况的调查记录来指导农业生产实践的。

灰棕壤 是贡嘎山地区重要的成带森林土壤，分布很广。是在山地寒温带或山地温带生物气候条件下形成的土类。植被以冷杉、云杉、铁杉等组成的亚高山针叶林为主，也有高山栎类林等，在冷杉——杜鹃林下常见。林下土壤风化程度较弱。

■秦代地图

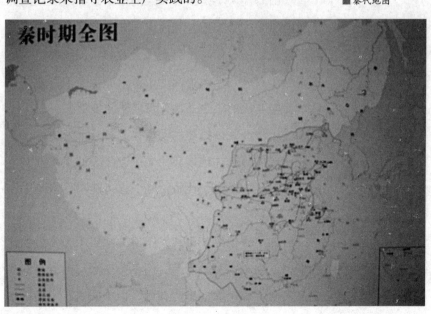

■《山海经》

生物寻古

生物历史与生物科技

刘向（约前77年—前6年），祖籍沛郡，就是现在的江苏省徐州。西汉时期经学家、目录学家、文学家。刘向曾经编校《山海经》，使之传世。他的散文主要是奏疏和校雠古书的"叙录"，较有名的有《谏营昌陵疏》和《战国策叙录》。

除上述3个州外，《禹贡》还记述了荆州的贡品中包括杶、榦、栝、青茅及各种竹子。杶就是香椿，榦就是柘树，栝就是桧树。此外还记述了豫州出产各种纤维植物等。

其实，对于先秦时期动植物的地理分布情况，《山海经》和《周礼》两部著作则有更详细的描述。

《山海经》不是一时一人的作品，经西汉刘向父子校书时，才合编在一起而成。它是一部大约起自东周迄至战国的著作，还有秦汉学者的添加和润色。是作者基于对一些地区情况的了解，加上有关各地的神话、传闻写成的。全书具有较强的地理观念。

《山海经》中描述的动植物分布情况总体而言是比较粗糙的，描述地域较为笼统，涉及的生物虚实不清。只有《中山经》比较清晰，这可能与作者是中原人有关。

比如《中山经》记载：条谷山的树木大多是槐树和桐树，而草大多是芍药、门冬草。师每山的南面多出产磨石，山北面多出产青膲，山中的树木以柏树居多，又有很多檀树，还生长着大量柘树，而草大多是丛生的小竹子。

这部分地区还提到松、橘、柚、薤韭、药、栎、莽草等，反映了我国古代东部地区和中部地区的一些植被情况。

《山海经》对动物的分布情况也有所记载，在《南山经》《东山经》《中山经》记述的动物有白猿、犀、兕、象、大蛇、蝮虫、鹦鹉等，基本上是我国古代南亚热带和中亚热带的动物。

《西山经》则描述了我国温带地区和干旱地区的一些有特色的动物，如牦牛、麝等。《北山经》记载了我国古代西北草原、干旱区的一些动物，如马、骆驼、牦牛等。

《周礼》一书则比较全面地反映当时积累的生物学知识，并和国计民生紧密结合在一起。这部著作中的许多地方强调对各地环境和生物的认识。

《周礼·大司徒》记载：依据土地同所生长的人民和动植物相适宜的法则，辨别12个区域土地的出产物及其名称，以观察人民的居处，从而了解它们的利与害之所在，以使人民繁盛，使鸟兽繁殖，使草木生长，努力成就土地上的生产事业。

■古籍《山海经》

辨别12种土壤所宜种植的作物，从而知道所适宜的品种，以教民种植谷物和果树。这里的记载表明，那时的人们已经有意识地分辨各种野兽的名称和类别，以用作认识各地生物的

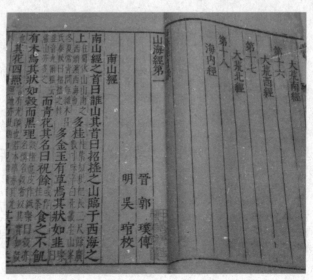

013
生物古记
早期生物学

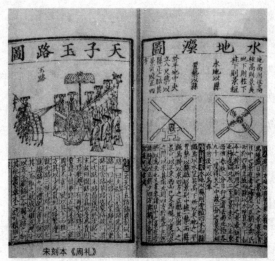

宋刻本《周礼》

■古籍《周礼》

生物寻古

生物历史与生物科技

《周礼》是儒家经典，是西周时期的著名政治家、思想家、文学家、军事家周公旦所著。从其思想内容分析，该书表明的儒家思想发展到战国后期，融合道、法、阴阳等家思想，春秋孔子时对其发生了极大影响。《周礼》所涉及之内容极为丰富。

基础。

《周礼》中首先将生物分为动物和植物两大类。并进一步将动物分为"小虫""大兽"，约相当于无脊椎动物和脊椎动物。

小虫包括龟属、鳖属、蚯蚓、鱼属、蛇属、蛙属、蝉类、虫属等。大兽包括牛羊属、猪豕属、虎豹貔等毛不厚者之属、鸟属等。反映出我国很早就知道有脊椎动物与无脊椎动物的区分。

《周礼》中有不少内容涉及生态学问题。书中提到辨别土地的出产物、名称及所宜种植的作物，表明已经注意土壤与植物的关系，强调了在种植庄稼时先调查土壤情况。

比如"山师"之职掌管山林类型的划分，分辨各类林中产物及其利害关系；"川师"，之职掌管各种河流、湖泊的产物与利害关系等。

《周礼》一书不仅关注动植物的一般分布，而且还注意到动植物分布的界限。比如说南方的橘树移植到北方，就会变成小灌木，橘子也会变成不能吃的"枳"；动物中的鸲等的分布也有类似情况。

这是当时人们在长期的观察自然、引种植物和狩猎中得出的经验总结。

当时的人们已注意到木材内部的结构与光照等环境因子的关系。比如认为向阳面纹理细密，向阴面纹理疏柔。这一观察实际已涉及植物生态解剖学问题。

在有些章节中，作者也记述了人们对植物与水分因子的关系的关注。

特别引人注目的是，《周礼·大司徒》中的这样一段记载，是对"五地"的土地情况、动植物的特点、人群等进行系统的论述，体现了人们对生物与环境关系认识的深化。

在山地森林里，分布的动物主要是兽类，植物主要是带壳斗果实的乔木。那里的人毛长而体方。

在河流湖泊里，动物主要是鱼类，植物主要是水生或沼生植物。那里的人皮肤黑而润泽。

在丘陵地带，动物主要是鸟类，植物主要是梅、李等核果类果木。那里的人体型圆而长。

在冲积平地，动物以甲壳类为主，植物以结荚果为主的豆科植物。那里的人肤色白而体瘦。

在湿洼之地，动物以蚊、虻昆虫为主，植物则以丛生的禾草或莎草科植物为主。那里的人胖而矮。

这段话虽然受阴阳五行说的影响，带有明显的刻板机械色

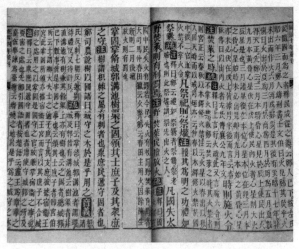

■《周礼·夏官司徒》

鸲又叫"鸲鹆"，也叫"八哥"。是我国南方常见的鸟类。自陕西省南部至长江以南各省，以及台湾和海南省均有分布。头身都是黑色，两只翅膀下都有白点，它的舌头像人舌头，能模仿人说话。口黄的为小的八哥，口白的为老的八哥。因此，人爱养它逗趣。

■ 植物标本

彩，但不难窥见，在2000多年前，我国人民已具有初步的生态系统概念。

《周礼》一书的有关记述，比《禹贡》更细致、全面。它不但有详尽的规划分工，还有严密的资源管理设置。其中所反映的生态学知识更为具体、丰富和层次分明，在深度和广度方面都有了新的进步。

总之，从《禹贡》《山海经》和《周礼》的有关记载我们可以看出，当时的人们从宏观上对各地的植被做了一定的考察，具有一定的植物地理学思想。这是长期实践促使人们了解什么地方分布什么生物，适宜栽植何种类型的作物，不断熟悉各地环境的结果。

阅读链接

据传说，大禹在治水的过程中，经常叫他的妻子涂山氏在中午去送饭。有一次她去得早了，却发现一头巨大的熊在用爪子开山，原来这就是她的丈夫。

涂山氏反身而逃，大禹发现后紧紧追赶，涂山氏却变成了一块山石，不愿再与大禹生活。

涂山氏反身当时已经怀孕，大禹无奈之下叫道："归我子！"石头应声裂开，一个孩子从石头中蹦了出来。大禹便为孩子取名为启，就是开启而生的意思。这个启后来就是我国历史上第一个国家夏王朝的开国之君。

早期的食物链记载

我国几千年的农业历史中，包含有农业生产与生态协调的合理因素，食物链的应用即是其中一例。食物链的形成是一个自然的过程，它不依赖生态圈以外的条件，且维持着整个生态圈内部生命生存的动态平衡。

生物之间以食物营养关系彼此联系起来的序列，就像一条链子一样，一环扣一环，在生态学上被称为"食物链"。在农业社会条件下，我国古人对动物结构中的生存规律尤为重视，已经注意到了动物之间存在着的食物链的关系，并被记录在《庄子》等古籍中。

■古籍《庄子》

生物寻古

生物历史与生物科技

玉皇大帝 全称"昊天金阙无上至尊自然妙有弥罗至真玉皇上帝"，又称"昊天通明宫玉皇大帝""玄穹高上玉皇大帝"，居住在玉清宫。玉皇大帝除统领天、地、人三界神灵之外，还管理宇宙万物的兴隆衰败、吉凶祸福。在中华文化中，玉皇大帝被视为宇宙的无上真宰，地球内三界、十方、四生、六道的最高统治者。

■ 庄子（前369年—前286年），战国中期宋国蒙城人。战国时期的思想家、哲学家、文学家，道家学说的主要创始人之一，老子思想的继承和发展者。后世将他与老子并称为"老庄"。代表作品为《庄子》以及名篇《逍遥游》《齐物论》等。

相传很久以前，因为老百姓用粮浪费，玉皇大帝一怒把五谷杂粮的穗子都给捋走了。于是人们的生活就成了问题，只有想法寻找别的食物替代。

有一天，舜帝带着他的部族到了不远的雷泽湖捕鱼。一条老鱼精游到湖面上问舜帝："大慈大悲的舜帝爷，你们浪费粮食，被上天惩罚，于是，我们水族也跟着遭殃，以前你们的剩饭剩汤，我们能吃点，现在我们吃什么呀？"

舜帝爷一听，随口说："你们吃什么？大鱼吃小鱼！"大鱼只好游走了。

一会儿，又有一群小鱼游出了水面问："舜帝爷你说大鱼吃小鱼，那我们小鱼也不能饿死呀！"

舜帝想了想说："小鱼吃虾米。"

小鱼刚游走，就有一群虾米跳出水面问："舜帝爷，我们虾米吃谁去呀？"

舜想来想去虾米是真没吃的了，忽然看见虾米的腿上都沾有污泥，随口说了一句："你们虾米就吃污泥吧！"

从此，大鱼吃小鱼，小鱼吃虾米，虾米吃污泥、吃浮游生物，形成了一种食物链。

食物链是大自然的生态链，更是地球人生存的真理。在同生物界广泛接触的过程中，我国古代学者在著作中记载了所得所悟，表明已经进一步加深了对各种动植物与周围环境关系的认识。

先秦时期就有对食物链的记载和认识。不同种类的动物之间，为了生存，还存在着复杂的斗争关系。比如早在2000多年前，《庄子》就记载了许多与食物链有关的故事。

《庄子》的作者庄周是战国时期的宋国人。他继承和发展了老子的"道法自然"的观点，否定鬼神主宰世界，认为道是万物的创造者。庄周认为不同种类生物之间，由于食物的关系，而存在一系列相互利害的复杂关系。

《庄子·山木篇》记载了"螳螂捕蝉，黄鹊在后"的著名故事。

有一天，庄周来到雕陵栗园，看见一只翅膀宽阔、眼睛圆大的异鹊，从南方飞来，停

雷泽湖 是古代一个草木茂密，水族繁多的淡水湖泊，位于山东省鄄城县东南部。据传雷泽湖中有龙。华胥是伏羲的母亲华胥氏，她踩了雷泽湖岸边龙的大脚印，生了伏羲、女娲。伏羲兄妹就是龙子、龙女，他们的子孙后代就是龙的传人。

■ 舜帝 生于姚墟，故姚姓，冀州人。舜为四部落联盟首领，以受尧的"禅让"而称帝于天下，其国号为"有虞"。都城在蒲阪，即现在的山西省永济。帝舜、大舜、虞帝舜、舜帝皆虞舜之帝王号，故后世以"舜"简称之。舜帝是中华民族的共同始祖。他不仅是中华道德的创始人之一，而且是华夏文明的重要奠基人。

■ 古画中的螳螂捕蝉

生物寻古

生物历史与生物科技

七寸 蛇的七寸是指蛇的心脏所在位置，在蛇的腹部，即是蛇的脊椎骨上最脆弱、最容易打断的地方。蛇的脊椎骨一旦被打断，其沟通神经中枢和身体其他部分的通道就会被破坏。七寸通常用来比喻事物的关键点、弱点、要害部位。

于栗林之中。庄周手执弹弓疾速赶上去，准备射弹。

这时，庄周忽见一只蝉儿，正得着树叶荫蔽，而忘了自身。

就在这刹那，有只螳螂借着树叶的隐蔽，伸出臂来一举而搏住蝉儿，螳螂意在捕蝉，见有所得而显露自己的形迹。而此时的异鹊乘螳螂捕蝉的时候，攫食螳螂。只是异鹊还不知道，它自己的性命也很危险。

庄周见了不觉心惊，警惕着说道："物固相残，二类相召也。"意思是说，物与物互相残害，这是由于两类之间互相招引贪图所致！想到这里，他赶紧扔下弹弓，回头就跑。

恰在此时，看守果园的人却把庄周看成是偷栗子的人，便追逐着痛骂他。

这个生动的故事说明，庄周已经发现了人捕鸟、鸟吃螳螂、螳螂吃蝉等动物间的复杂关系。庄周所看到的这种关系，实际上是一条包括人在内的食物链。

在食物链中，生物是互为利害的。不同种类生物之间的斗争是不可避免的。

《庄子》还有一个"蝍蛆甘带"的典故。"蝍蛆"即是蜈蚣，"带"是大蛇，该典故的意思是大蛇被蜈蚣吸食精血而亡。

在当时，岭南多大蛇，长数十丈，专门害人。当地居民家家蓄养蜈蚣，养到身长一尺有余，然后放在枕畔或枕中。

假如有蛇进入家中，蜈蚣便喷气发声。放蜈蚣出来，它便鞠起腰来，首尾着力，一跳有一丈来高，搭在大蛇七寸位置上，用那铁钩似的一对钳来钳住蛇头，吸蛇精血，至死方休。

像大蛇这样身长数丈、几十千克或上百千克的东西，反而死在尺把长、指头大的蜈蚣手里，所以就有了《庄子》中"蝍蛆甘带"的由来。

古人认识蜈蚣制蛇，还可以追溯至更久远的年代。在我国古代有一种能够制蛇的大蜈蚣。宋代官员陆佃在《埤雅》中就说：蜈蚣能制蛇，它突然遇到大蛇时，便抓住蛇的七寸吸尽精血。

在古代，人们不仅知道蜈蚣能吃蛇，而且也知道蛇吃蛙，而蛙又会吃蜈蚣。南宋道家著作《关尹子·三极》说："蝍蛆食蛇，蛇食蛙，蛙食蝍蛆，互相食也。"

陆佃的《埤雅》中也有类似的记述："蝍蛆搏蛇。旧说蟾蜍食蝍蛆，蝍蛆食蛇，蛇食蟾蜍，三物相制也。"在这里蛙已被蟾蜍替代，但仍符合自然界的实际情况。

陆佃（1042年—1102年），越州山阴人，陆游祖父。家贫苦学，映月读书。他精于礼家名数之说，著有《陶山集》14卷，及《埤雅》《礼象》《春秋后传》《鹖冠子注》等，共242卷，《宋史本传》并传于世。

■ 灵蛇石雕

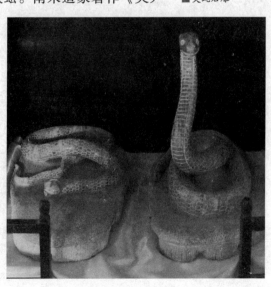

动物相食的观念，在云南省江川李家山古滇文化墓群中出土的战国青铜臂甲的刻画上也得到了反映。

青铜臂甲上刻有17只动物，可以分为两组。第一组13只动物，有两只大老虎，其中一只咬着野猪；另一只正向双鹿扑去。一只猿正在攀树逃避。此外还刻有甲虫、鱼、虾等小动物。

第二组的画面上有两只雄鸡，一只正啄着一条蜥蜴，而蜥蜴旁边的蛾和甲虫，则显然是蜥蜴的食物；另一只鸡则被一只野狸咬住。

在第一组刻画中，反映了老虎、野猪和鹿构成的食物链关系。在第二组刻画中，表现了野狸吃鸡、鸡吃蜥蜴、蜥蜴吃小虫的关系。

上述记载表明，我国远在宋代之前，对蜈蚣、蛇、蛙、老虎、野猪、鹿、猿，以及甲虫、鱼、虾等动物在自然界里表现出来的互相竞争，互相制约的关系，有深刻的了解。

总之，我国早期在生物学领域已经认识到：在食物链中，一种动物往往既是捕食者，同时又是被食者。也就是说，某一种生物既可以多种生物为食，它本身又可以为多种生物所食，这样就形成有复杂交错的关系。

阅读链接

据传说，汉武帝时，西域月氏国献猛兽一头。其形如两个月左右的小狗，就像狸猫般大小，拖一个小尾巴。

汉武帝见这动物生得猥琐，笑道："这小东西是猛兽吗？"

使者说："百禽不必计其大小，全都怕它。"

汉武帝不信，就让使者将此兽拿到上林苑虎圈试试。

群虎一见，皆缩成一堆，双膝跪倒。上林苑令急奏，汉武帝震怒，要杀此兽。但第二天，使者与猛兽都不见了。

虎是兽中之王，是食物链的顶端。但"一物降一物"，遇到异兽，也难免被吃。

早期资源保护的记载

在古代自给自足的自然经济社会中，生物资源，特别是森林资源是人们获取生产和生活资料的重要源泉。即使在农业生产有了发展的情况下，野生生物资源对人们衣食住行的重要性也是显而易见的。

在长期的生产活动中，古代的人们逐渐认识到保护森林和生物资源的重要性。产生了初步的环境保护意识并采取了一定的保护措施。

从远古时期起，我们的祖先就开始有了保护自然生态环境的思想。

这种思想，常常是不自觉的，甚至带有浓厚的迷信色彩。例如上古时代，人们曾把山川与百神一同祭祀。

■新石器时代古人耕种场景

■ 孟子画像

古公亶父 姓姬，名亶，豳人，就是现在的陕西省旬邑县。我国上古周族领袖。是周文王的祖父。"亶"后加一个"父"字，表示尊敬，并不是名叫"亶父"。"古公"也是尊称。他是周族先公，是西伯君主，其后裔周武王姬发建立周朝时，追谥他为"周太王"。

商汤还在做诸侯时，有一次到郊外散步，发现有人在张网捕鸟。让商汤感到惊讶的是，其所张之网，不是一张，而是4张，有从四面八方合围之势。

对于鸟来说，就只有进的道，再也没有逃生的路了。

然而，更让商汤吃惊的是，那位捕鸟的人还在那里念念叨叨："让天下所有的鸟都进入我的网中，而且是越多越好，越大越好，越肥越好。"

这激起了商汤的怜悯心肠。他对捕鸟人说："你这样捕鸟，那不是要把天下的鸟一网打尽吗？"于是，他就让捕鸟人把四面中的三面撤下去。还告诉捕鸟人应该这样说，"想往左飞的就往左飞，想向右飞的就向右飞，那些命不好的就飞到我网中吧！"

这个消息传到诸侯耳中，都称赞商汤的仁德可以施与禽兽，必能施与诸侯，因此纷纷加盟。后来，商汤的部落越来越强大了，建立了商王朝。

商汤网开三面的故事，是我国古代君侯保护自然资源的最早记载。其实，古代的人们在获取生产和生活资料时，不断地对自然环境进行干预，反过来环境也产生一些反作用。这就促使一些有识之士日益关注如何防止人们的生活环境的进一步恶化。

■ 商汤（？—约前1588年），商王朝的创建者，在位30年，其中17年为夏朝商国诸侯，13年为商朝国王。今人多称"商汤"，又称"武汤""天乙""成汤""成唐"，甲骨文称"唐""大乙"，又称"高祖乙"，商人部落首领。

在我国许多古籍中，都有关于生物资源保护的记载。比如：《尚书》《史记》《孟子》中说，舜命伯益为"虞"，就是掌管山泽草木鸟兽虫鱼的官员，伯益曾放火将一些山林烧毁，以赶走毒蛇猛兽。

《禹贡》则记载了大禹在治理洪水时，也曾大规模砍伐树木；《诗·大雅·皇点》中还记载周人在古公亶父时期，百姓砍除树木，营建居住点和毁林开荒的情况。

在当时生产力低下的情况下，发生这种向自然获取资源的情形是必然的，并且可能延续了很长的一段时间。由于人们对森林及生物资源的不合理利用的情况日趋严重，人们逐渐认识到了问题的严重性。

春秋时期的齐国政治家、思想家管仲的《管子》一书，反映了人们对于破坏环境的恶果有很深刻的认识。其作者非常强调山林湖泽的生物资源对于国计民生的重要性。

《管子·轻重篇》指出：虞舜当政的时代，断竭水泽，伐尽山林。夏后氏当政的时代，焚毁草木和湖泽，不准民间增加财利。烧山林、毁草菇、火焚湖泽等措施，是因为禽兽过多。

伐尽山林，断竭水泽，是因为君王的智慧不足。客观地分析了前人破坏自然环境的原因。

在论及山泽林木的重要价值时，《管子》记载：

山林菹泽草莱者，薪蒸之所出，牺牲之所起也。故使民求之，使民籍之，因以给之。

这里十分明确地指出了山林川泽等自然生物资源对于人民生活的重要性。

战国时期思想家孟轲在《孟子》中介绍了牛山的情况。牛山位于古代齐国的东南部，即今山东省淄博市临淄南。那里原来林木茂盛，但是至孟子生活的年代，已经变成了秃山。

孟轲认为，牛山之所以会变成这样，是因为这里的树木被不断的乱砍滥伐，加上牛羊等牲畜糟蹋破坏的结果。诚如孟轲所指出的"苟失其养，无物不消"，体现了人们对森林被严重破坏的状况所表示的担忧。

另一个思想家荀况在《荀子·劝学篇》记载："物类之起，必有所始……草木畴生，禽兽群焉……树木成荫而众鸟息焉。"

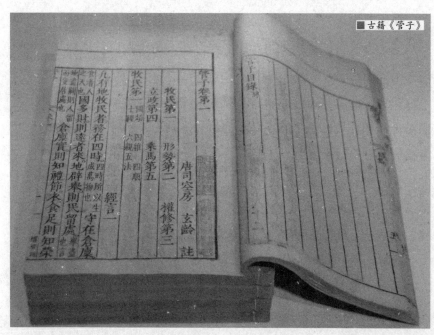

■ 古籍《管子》

■ 孟轲（约前372年—前289年），生于战国时期的邹，即今山东省邹城市东南。战国时期著名思想家、政治家、教育家，民主思想的先驱。他继承并发扬了孔子的思想，成为仅次于孔子的一代儒家宗师，对后世我国文化的影响全面而巨大，有"亚圣"之称。

这几句话的大意是说，凡一种事物的兴起，一定有它的根源。草木丛生，野兽成群，万物皆以类聚。树林繁茂阴凉众鸟就会来投宿。

不仅如此，荀况还进一步指出，如果动物赖以生存的环境遭到破坏，那么动物就会难以生存。他说山林繁茂禽兽才得以栖息，而山林被破坏，鸟兽就离开了。

有了大的河流龙鱼才能生存，而河流干涸，龙鱼就离开了。因此，他认为只有按自然规律办事，保护动物的栖息地，动物才能繁茂。

荀况在《富国篇》中又说道："君者，善群也。群道当，则万物皆得其宜，六畜皆得其长，群生皆得其命。"

这指出了圣贤君王的职责在于协调人与人、人与自然之间的关系群，只有这些关系协调得宜，人与人、人与自然才能够相互依存，共同发展。

春秋战国时期的学者认识到，森林一旦被破坏，不仅会使木材资源本身出现枯竭，而且也使野生动物资源受到影响。因此，一些睿智之士和著名的政治家

荀况（约前313年—前238年），又称"孙卿"。他是战国末期赵国人。著名思想家、文学家、政治家，儒家代表人物之一，时人尊称"荀卿"。战国晚期的一位儒家大师，对儒家思想有所发展，主张性恶论，他在我国古代思想史上有着重要的地位。

027

生物古记

早期生物学

曾对一些破坏生物资源的愚昧、错误行为作了坚决的斗争。

鲁宣公 姬侫，为春秋诸侯国鲁国君主之一，是鲁国第二十任君主。他为鲁文公儿子，母敬嬴，次妃，为文公所宠。承袭鲁文公担任该国君主，在位18年。

据《国语·鲁语》记载，有一年夏天，鲁宣公到泗水捕鱼。大夫里革听说后，赶到泗水边，把鲁宣公的网弄断，然后扔掉。

里革对鲁宣公说："打鱼狩猎要讲究时节，注意避开动物的繁殖期。要保护好幼小的生物，让万物更好的繁殖生息，蓬勃生长，这是古人的训诫。现在鱼类正处在繁殖期，您还撒网捕鱼，真是贪得无厌。"

鲁宣公听了里革的话后，表示虚心接受批评，并加以改正。

据《左传》记载：有一年郑国大旱，派屠击、祝款、竖柎去桑山求雨。他们在那里伐木，结果还是未能下雨。郑国的政治家子产听说后很气愤，对这种愚昧的伐木求雨行为进行了严肃的批判，后来还对有关肇事者进行了严肃的处理，撤了他们的官职。

秦国丞相吕不韦主编的《吕氏春秋·义赏》，曾经针对战国时期的一些不适当的渔猎方式指出："竭泽而

■吕不韦（？—前235年），卫国濮阳，即今河南省濮阳人。战国末期卫国著名商人，后为秦国丞相，政治家、思想家。他以"奇货可居"闻名于世。他组织门客写了著名的《吕氏春秋》。他也是杂家思想的代表人物。

渔，岂不获得，而明年无鱼；焚薮
而田，岂不获得，而明年无兽。"

意思是说，抽干湖水来捕鱼，
怎么可能捕不到？但是明年就没有
鱼了；烧毁树林来打猎，怎么可能
打不到？但是明年就没有野兽了。
坚决反对竭泽而渔、焚薮而猎这种
斩尽杀绝的短视做法。

为了合理利用好各种生物资
源，许多学者纷纷提出一些保护生
物资源，使之能永续利用的方法。

■荀子画像

比如《孟子》对森林自然更新的能力有所认识，提
出："斧斤以时入山林，则材木不可胜用也。"

生物资源的重要特点是能够再生更新，一个成熟
的森林群落，只要不是频繁过度地采伐，就能承受一
定量的择伐而很快恢复的。《孟子》中的这句名言正
是提倡合理利用资源，已经关心到森林的生态平衡。

荀况也提出要"斩伐养长不失其时"，"草木荣华
滋硕之时，则斧斤不入山林，不夭其生，不绝其长
也。"进一步阐发了《孟子》中的资源保护思想。

随着人们认识的逐渐提高，春秋战国时期也逐步
形成和完善了一套管理保护生物资源的职官和制度。
战国末期《吕氏春秋·上农》提出了较为完善的法制
观念，并按月令的方式制订一些适合的措施。

比如：正月禁止伐木；二月无焚山林；三月无伐
桑柘；四月无伐大树；五月令民无割蓝以染；六月树

子产（？—前
522年），世称
"公孙侨""郑
子产"。生于春
秋后期的郑国，
即今河南省新郑
市。著名的政治
家和思想家。他
的政治主张在当
时的郑国发挥了
重要作用，在我
国历史上影响深
远。后世对其评
价甚高，将他视
为我国历史上宰
相的典范。

木方盛，乃命虞人入山行木，无或斩木，不可以兴土功；九月草木黄落，乃伐薪为炭。

这些论述以各个月份规定了保护生物资源的具体做法，以便有计划地利用好资源。它可能是战国时有关环保礼制和法律的综合，并作了进一步的通俗化。

1975年，我国的考古工作者在湖北省云梦县睡虎地，发现了一批秦代竹简。

其中有一段《田律》的意思是：春天二月，不准烧草做肥料，不准采伐刚刚发芽的植物或猎取幼兽。不准毒鱼，也不准设置陷阱和网罗捕捉鸟兽，至七月才解除禁令。禁令期间，只有因死亡需要伐木制棺椁的，才不受此限制。

这段《田律》是先秦有关保护森林和生物资源的具体法律条文，而且与上述的文献记载有很多相似之处，贯穿着环境保护思想。

总之，我国古代的环保主要是围绕生物资源进行的，其中心内容是强调以时禁发，永续利用，具有较大的合理性和可行性。这些生物资源保护思想一直为后人所提倡，足见其充满生命力。

生物历史与生物科技

阅读链接

周文王姬昌为周部落的兴盛建立了不朽功勋。他在临终之前嘱咐儿子姬发，也就是后来的周武王，一定要加强山林川泽的管理，不要强行破坏那里的一切。

他说："山林不到季节时不能砍伐，以方便草木的生长，不能在鱼鳖小时撒网，不能射杀母鹿和幼鹿，不捡鸟蛋。"

姬发牢记父亲的教诲，勤政爱民，发展生产，最后建立了新的政权。

其实，周文王制定的如此法律，都是为了百姓的生息，这才是真正的安民告示。

　　远在人类社会初期，我们的祖先在从事最简单的采集、渔猎的生产过程中，就已经开始学会辨别一些有用的和有害的动物和植物，并逐步地形成了我国古代的动植物分类体系。

　　我国古代动植物分类学涉及诸多方面。

　　《禽经》作为我国最早的一部鸟类分类学著作，总结了宋代以前的鸟类各方面知识。秦汉时期记载的"动物志"和"植物志"，是古代动植物学的重要内容之一。药用动植物、园林动植物及动植物专著，也是古代动植物分类研究的重要成就。

古代的动植物分类

■ 古人生活环境

在我国古代，随着农牧业生产的发展，人们在实践活动中，不仅在动植物的大类方面积累了宝贵的分类知识，而且，对于动植物还有进一步的比较精细的分类。

古人不断观察，不断分析，不断比较，不断认识，逐渐产生了古老的传统动植物分类认识，区分出大兽和小虫，逐步地形成了我国古代的动植物分类体系。

■ 鲤鱼跃龙门石雕

传说很早以前，龙门还没有凿开，伊水流到这里被龙门山挡住了，就在山南积聚了一个大湖。

居住在黄河里的鲤鱼听说龙门风光好，都想去观光。它们从河南孟津的黄河里出发，通过洛河，又顺伊河来到龙门口。但龙门山上无水路，上不去，它们只好聚在龙门的北山脚下。

一条大红鲤鱼对大家说："我有个主意，咱们跳过这龙门山怎样？"

"那么高，怎么跳啊？""跳不好会摔死的！"伙伴们七嘴八舌拿不定主意。

于是，大红鲤鱼便自告奋勇地说："让我先跳，试一试！"

只见它从半里外就使出全身力量，像离弦的箭，纵身一跃，一下子跳到半天云里，带动着空中的云和雨往前走。

龙门山 位于河南省洛阳市南郊13千米的伊河两岸东、西山上。西山又名"龙门山"。古称"伊阙"，故又称"伊阙石窟"。开凿于494年，即北魏孝文帝迁都洛阳前后，后历经了1000余年间不断的营造，尤以北魏时期和唐代时期为盛。

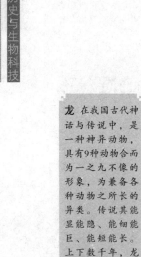

■ 鲤鱼成龙石雕

龙 在我国古代神话与传说中，是一种神异动物，具有9种动物合而为一之九不像的形象，为兼备各种动物之所长的异类。传说其能显能隐、能细能巨、能短能长。上下数千年，龙一直是华夏民族的代表，是中国的象征。

一团天火从身后追来，烧掉了它的尾巴。它忍着疼痛，继续朝前飞跃，终于越过龙门山，落到山南的湖水中，一眨眼就变成了一条巨龙。

山北的鲤鱼们见此情景，一个个被吓得缩在一块，不敢再去冒这个险了。

这时，忽见天上降下一条巨龙说："不要怕，我就是你们的伙伴大红鲤鱼，因为我跳过了龙门，就变成了龙，你们也要勇敢地跳呀！"

鲤鱼们听了这些话，受到鼓舞，开始一个个挨着跳龙门山。可是除了个别的跳过去化为龙以外，大多数都过不去。凡是跳不过去，从空中摔下来的，额头上就落一个黑疤。直至今天，黄河鲤鱼的额头上还长着黑疤。

宋代陆佃的训诂书《埤雅·释鱼》记载："鱼跃龙门，过而为龙，唯鲤或然。"意思是说，鱼跃龙门，越过去就成为龙，只有鲤鱼也许能这样。

远在人类社会初期，古人在从事最简单的采集、渔猎的生产过程中，就已经开始学会辨别一些有用的和有害的动物和植物。

随着农牧业生产的发展，人们在实践活动中，不断观察，不断分析，不断比较，不断认识，逐渐产生了要把周围形形色色的生物加以分类的想法，并且逐步地形成了我国古代的动植物分类体系。

对动植物加以分类，是人类认识利用生物的重要手段，它对农牧业的生产和医药事业的发展都具有十分重要的意义。

春秋战国以后，我国古代生物学进入了一个新的发展时期，它的主要标志，就是出现了一些有关动植物方面的著作。《禹贡》和《山海经》中都有文字记述各地的物产，其中主要是动植物。《山海经》不仅著录各地动植物的名称，而且描述它们的形态特征，并记录它们的用途。

用草、木、虫、鱼、鸟、兽来概括整个动植物界的种类，这是我国最古老的传统分类认识。这一分类认识在我国最早的一部词典《尔雅》中比较完整地反映了出来。

《尔雅》大概从战国时期起就已经开始汇集，到西汉才告完成，是一部专门解释古代词语的著作。

训诂书 是古代辞书的一种。"训"是说明解释的意思，"诂"本义是古言的意思，引申也作解说古语讲。"训诂"的原意是用通行的语言解释不易为人所懂的古字古义，目的在于疏通古书的文义，讲明字义。后来就作为解释词语音义的泛称。我国第一部以训释词义为主的训诂书是《尔雅》。

■古籍《尔雅》

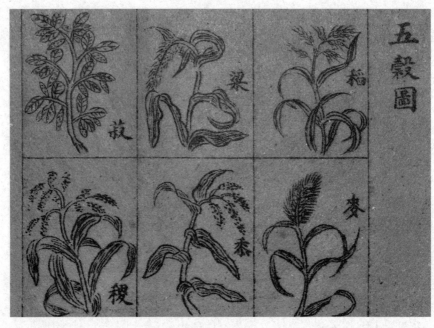

■ 五谷图

凤 是凤凰的简
称。用于比喻有
圣德之人。它是
原始社会人们想
象中的保护神,
经过形象的逐渐
完美演化而来。
它头似锦鸡、身
如鸳鸯,有大鹏
的翅膀、仙鹤的
腿、鹦鹉的嘴、
孔雀的尾。居百
鸟之首,象征美
好与和平。也是
古代传说中的鸟
王,雄的叫凤,
雌的叫凰,通称
凤。是封建时代
吉瑞的象征,也
是皇后的代称。

书中有《释草》《释木》《释虫》《释鱼》《释鸟》《释兽》《释畜》等篇,专门解释动植物的名称。

前6篇主要包括野生的植物和动物,最末一篇主要讲家养动物。从它的篇目排列次序来看,反映了当时人们对于动植物的分类认识,就是分植物为草、木两类,分动物为虫、鱼、鸟、兽4类。

《尔雅》各分篇比较细的动植物分类认识,基本上反映了自然界的客观实际。这是我国古代劳动人民对动植物分类的朴素、自然的认识。这一朴素的分类方式,起源由来已久,流传也比较广。

根据殷墟甲骨卜辞中有关动植物名称的文字来考察,可以清楚地看到,4000多年前,人们在长期的农牧业生产实践中,就已经把某些外部形态相似的动物或植物联系起来,以表示这类动物或植物的共同性;

把某些外部形态相异的动物或植物相比较，以表示它们之间的相异性。如：繁体字的雉、雞、雀文字，都从"隹"形，有羽翼，表示它们同属鸟类。

甲骨文中关于虫类名称的字形不多，但仍然可以反映出当时人们对虫类的分类认识。例如，虫、蚕都从"虫"形，表明它们同属虫类。谷类植物都是草本，生长期短，适宜于农业栽培，是人们生活资料的主要来源之一。甲骨文中有关谷类名称的有禾形，表明它们同属一类，都是草本植物。

也许当时人们对各种鱼类还没有严格区分，因此，在甲骨文中没有反映各种鱼类名称的文字。各种鱼类都用形来表示，以示它们同属一类。所以，可以说，在甲骨文中，已经有了虫、鱼、鸟、兽的分类认识的雏形。

《尔雅》中的分篇，正是应用了这一古老的传统分类方式。从每篇所包含的具体内容来看，清楚地表明，人们对每一类的分类认识是相当明确的。

《释草》中所包含的100多种植物的名称，全部是草本植物。

比如葱蒜类，《释草》中说："萑，山韭。茖，山葱。勤，山薤。蒚，山蒜。"

把山韭，山葱、山薤、山蒜等植物名称排列在一起，表明它们是一类的。而韭仍葱、薤、蒜等植物，在现在的分

草本植物 草本，是一类植物的总称，但并非植物科学分类中的一个单元，与草本植物相对应的概念是木本植物，人们通常将草本植物称作"草"，而将木本植物称为"树"，但是偶尔也有例外，比如竹，就属于草本植物，但人们经常将其看作是一种树。

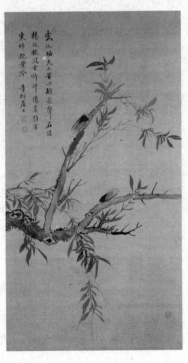
■《柳蝉图》

生物寻古

生物历史与生物科技

■ 甲虫标本

蝉 只饮露水和树汁，加上其出淤泥而不染，象征着圣洁、纯真和清高。蝉的鸣叫声余音绕梁，所以蝉又有着一鸣惊人之意。蝉是周而复始，延绵不断的生物，寓意子孙万代、生生不息。蝉谐音于"缠"，在腰间佩戴翡翠蝉寓意腰缠万贯。在我国古代，蝉还代表第一，象征位居榜首、永夺第一。

类学上认为是同一属的，称"葱蒜属"。

《释木》中的几十种植物名称，都是木本植物。这说明人们把植物分为草本和木本两类，和现在分类学的认识基本一致。

比如楝树类，《释木》中说："楝，赤楝；白者楝。"显然，把楝分为赤、白两种，自然是把楝和楝看作一类，反映我国古代已经有"楝树属"的概念。其他如桃李类、松柏类、桑类、榆类、菌类、藻类、棠杜类等，不一而足。

《释虫》所包含的80多种动物名称中，绝大多数是节肢动物。其余是软体动物。

比如蝉类，《释虫》中把蜩、蚻、螜、蝒、蜺等动物名称排列在一起，表示它们同属一类。这些不同种类的蝉，在现代分类学上属同翅目蝉科。

又如甲虫类，《释虫》中说："蛣蜣，蜣蜋。蝤，蛣。蠰，啮桑。诸虑，奚相。蜉蝣，渠略。蛂，蟥蛢。蠸，舆父，守瓜。"把这些名称排列在一起，显然是认为它们同属一类。

蛣蜣就是现在的蜣螂，属鞘翅目金龟子科。蝤又名蛣，是一种甲虫的幼虫。蠰一名啮桑，可能是现在的啮桑，属鞘翅目天牛科。

诸虑和啮桑同类，是甲虫的一种。蜉蝣属鞘翅目金龟子科的一种，名叫双星蛂或角蛂。蛂一名蟥蛢，当是现在的金龟子，属鞘翅目。蠸又名守瓜，是金花虫一类的昆虫，属鞘翅目金花虫科。

古人把这些甲虫排列在一起，列为一类，可知他们已经有甲虫类的概念。甲虫在现在分类学上是鞘翅目的总称。

《释鱼》所列举的动物名称有70多种，种类比较

节肢动物 也称"节足动物"。动物界中种类最多的一门。身体左右对称，由多数结构与功能各不相同的体节构成。一般可分头、胸、腹3部分，但有些种类头、胸两部愈合为头胸部，有些种类胸部与腹部未分化。体表被有坚厚的几丁质外骨骼。附肢分节。除自由生活的外，也有寄生的种类。

039

归类研究

动植物分类

■古人饲养动物场景

生物历史与生物科技

蝙蝠 由于蝙蝠的"蝠"字与福气的"福"字谐音，因此在中华文化中，蝙蝠是幸福、福气的象征。蝙蝠的造型也经常出现在很多中华传统的图案中，如"五福捧寿"就是5个艺术化的蝙蝠造型围绕着一个寿字图案。

复杂，其中以鱼类为主，其次是两栖类、爬行类、节肢动物、扁虫类和软体动物。

如果按照《尔雅》中"有足谓之虫，无足谓之豸"的概念，把节肢动物、扁虫类和软体动物归入虫类，那么《释鱼》所包含的动物相当于现代分类学上的鱼类、两栖类和爬行类，也就是所谓冷血动物。

《释鸟》列举的动物大约90多种，除蝙蝠、鼯鼠应列入兽类外，其余都属鸟类，大致相当于现代分类学上的鸟类。

《释兽》列举的动物名称大约有60多种，都属兽类，和现代分类学上的兽类同义。

在《释兽》《释畜》篇中，有"寓属""鼠属""齸属""须属""马属""牛属""羊属""狗属""豕属""鸡属"等名称。从各属所包含的内容来看，这里的"属"，和现代分类学上"属"的定义不尽相同。

比如，"马属"所包含的动物有马、野马，也有骓、骊骒等良马，还有按毛色变异的不同而有不同名称的马达40种之多，大抵是家马和野马两类，相当于现代分类上的马科。

再如，"鼠属"

■ 古籍《淮南子》

■ 青鱼标本

所包含的动物有10多种，大多属现代分类上的啮齿目。其他如"鸡属"，基本上和现代分类学上的雉科同义。

《尔雅》中的动植物名称，在排列上是略有顺序的，从它的排列顺序，不难看出古代比较精细的分类认识。

古人在虫、鱼、鸟、兽古老的传统分类认识的基础上，又进一步把动物概括为大兽和小虫两大类，这是我国古代动物分类认识的又一发展。

根据和《考工记》差不多同时期的《周礼·地官》《管子·幼官篇》、战国末期的《吕氏春秋·十二纪》和汉初的《淮南子·时则训》中的有关记载，大兽所包含的5类动物不是别的，而是羽、毛、鳞、介、裸。

羽，这类动物的形态特征是"体被羽毛"。《考工记》的描述是嘴巴尖利，嘴唇张开，眼睛细小，颈

啮齿目 是哺乳纲的一目。上下颌只有一对门齿，喜啮咬较坚硬的物体；啮齿目动物一般比较小，多数在夜间或晨昏时候活动，许多种类的繁殖能力很强。该目种数约占哺乳动物的近一半，个体数目远远超过其他全部类群数目的总和，几乎遍及除南极和少数海岛以外的世界各地。

生物寻古

生物历史与生物科技

■ 动植物成为古人生存的必需品

人科动物 属灵长目类人猿亚目人超科。人类的学名是智人，是人科现存灵长目唯一的属和种。人科也包括已灭绝的灵长目种群或谱系，但仅能根据化石遗存了解其情况。智人这个现代种可以说是哺乳动物中进化发展得最成功的一个种。

项长，身体小，腹部低陷。因此，"羽属"实际上是古老的传统分类中的鸟类。

毛，古人往往把虎、豹、貔之类的动物称为毛兽，也是因为它们"躯体被毛"的缘故。这类动物实际上是传统分类认识中的兽类。

鳞、介两类是从古老的传统分类的鱼类中分化而来的。鳞，是因它"体被鳞甲"而得名的。一般是指鱼类和爬行类。《考工记》认为小头而长身，团起身体而显得肥大，这正是"鳞"的形象描述。

介，是传统分类认识中鱼类的另一部分，就是龟鳖类。这类动物的躯体包裹在骨甲里面，古人称它为"介兽"。

至于裸属，根据大量事实证实，指的是人类，相当于现代分类学上的人科动物。在古人看来，人的体外没有羽、毛、鳞、介等附属物，所以称为"裸"，意思是裸体的，就是人。

上述5类动物在现代分类学上都同属脊椎动物，因此"大兽"的含义自然也和现代分类学上的"脊椎动物"一词同义。

小虫之属，是以动物的外部形态结构、行动方式以及发声部位来区分的。

据《考工记》记载：骨长在外的，骨长在内的，倒行的，侧行的，连贯而行的，纡曲而行的，用脖子发声的，用嘴发声的，用翅膀发声的，用腿部发声的，用胸部发声的，这些都是小虫类。

小虫之属所包含的内容，实际上是古老的传统分类中的虫类，相当于现代分类学上的无脊椎动物。比如，体外有贝壳的软体动物，以两翅摩擦成声的昆虫等。这是我国古代传统分类认识的一次飞跃。

综上所述，我国在三四千年前，就已经出现了古老的传统分类认识，有了草、木、虫、鱼、鸟、兽的区分，又把动物分为大兽和小虫两大类。这是我国古代劳动人民的智慧结晶，是我国生物学史上的一份宝贵遗产。

阅读链接

龙是中华民族的图腾，既可腾空遨游，又可隐形于草芥间。历史上有许多关于龙的目击纪录。

比如：219年，黄龙出现在东汉时期武阳赤水，逗留9天后离去，当时曾为此建庙立碑。

1162年，有人发现一条龙出现在南宋太白湖边，巨鳞长须，腹白背青，背上有鳍，头上耸起高高的双角，在几千米之外都能闻到腥味。一夜雷雨过后，龙消失了。

其实，这些记录即便属实，它也不是我们常说的龙，而是某种当时还不被人们认知的两栖动物。

《禽经》记载的鸟类

《禽经》，作者师旷，全文3000余字，是作者在参阅前人有关鸟类著述的基础上，总结了宋代以前的鸟类知识，包括命名、形态、种类、生活习性、生态等内容。尽管其体例结构简单，内容也稍嫌粗

糙，但作为我国最早的一部鸟类分类学著作，仍有其较大的意义。

《禽经》作为我国同时也是世界上较早的一部文献，对人们研究和玩赏鸟类都有参考作用，它所提供的早期鸟类信息，更是无可替代。

■禽类标本

相传在很早以前，蜀国有个国王叫望帝。他爱百姓也爱生产，经常带领四川人开垦荒地，种植五谷，把蜀国建成为丰衣足食的"天府之国"。

■ 蜀国陶瓷

有一年，在湖北的荆州的一只大鳖成了精灵，随着流水从荆水沿着长江直往上浮，最后到了岷江。

当鳖精浮到岷山山下的时候，他便跑去朝拜望帝，自称为"鳖灵"。

望帝听他说有治水的本领，便让他做了丞相。

鳖灵将汇积在蜀国的滔天洪水，顺着3.5千米长的河道，引向东海去了。蜀国又成了人民康乐、物产丰饶的天府之国。

望帝是个爱才的国王，他见鳖灵为人民立了如此大的功劳，才能又高于自己，便选了一个好日子，举行了隆重的仪式，将王位让给了鳖灵，这就是丛帝，而他自己隐居到西山去了。

鳖灵做了国王，一开始做了许多利国利民的大好事，可是，后来居功自傲，变得独断专行起来。

消息传到西山，望帝老王非常着急，决定亲自进宫去劝导丛帝。百姓知道了这件事，便一大群一大群地跟在望帝老王的后面，进宫请愿。

丛帝远远地看见这种气势，认为是老帝王要向他

望帝 传说战国时蜀王杜宇，号望帝。望帝当国王的时候，很关心老百姓的生活，因此百姓对他十分拥护。后因水灾让位退隐山中，将帝位传给丛帝，化作杜鹃，劝丛帝爱民，终因日夜悲鸣，泪尽继而流血。后因用作杜鹃的别称，望帝啼鹃。

■ 杜鹃标本

生物历史与生物科技

丛帝 名鳖灵。在治水上，鳖灵显示出过人的才干。他带领民众治理洪水，打通了巫山，使水流从蜀国流到长江，使水患得到解除，蜀民又可以安居乐业了。鳖灵在治水上立下了汗马功劳，杜宇十分感谢，便自愿把王位禅让给鳖灵，鳖灵受了禅让，号称开明帝，又叫"丛帝"。

收回王位，便急忙下令紧闭城门，不得让老帝王和那些老百姓进城。

望帝老王无法进城，觉得自己有责任去帮助丛帝清醒过来，治理好天下。于是，他便化为一只会飞会叫的杜鹃鸟了。

那杜鹃扑打着双翅飞呀飞，从西山飞进了城里，又飞进了高高宫墙的里面，飞到了皇帝御花园的楠木树上，高声叫着："民贵呀！民贵呀！"

丛帝原来也是个聪明的皇帝，也是受四川百姓当成神仙祭祀的国王。他听了杜鹃的劝告，明白了老王的善意，便像以前那样体恤民情，成为了一个名副其实的好皇帝。

可是，望帝已经变成了杜鹃鸟，他无法再变回原形了，而且，他也下定决心要劝诫以后的君王要爱民。于是，他化为的杜鹃鸟总是昼夜不停地对千百年来的帝王叫道："民贵呀！民贵呀！"

由于以后的帝王没有几个听他的话的，所以，他苦苦地叫，叫出了血，把嘴巴染红了，还是不甘心，仍然在苦口婆心地叫着"民贵呀！"

后代的人都为杜鹃的这种努力不息的精神所感动，所以，世世代代的四川人，都很郑重地传下了"不打杜鹃"的规矩，以示敬意。

这个故事在《禽经》中也有记载。《禽经》进一步解释说："江左曰子规，蜀右曰杜宇，瓯越曰怨鸟。"又说，"杜鹃出蜀中，春暮即鸣，田家候之，以兴农事。"

《禽经》作者是师旷，晋代文学家张华作注。师旷字子野，冀州南和人，春秋时期晋国的乐师，是著名的音乐家，也是一位社会活动家。

最早引出《禽经》的是宋代陆佃的《埤雅》，所以一般都认为该书可能是唐宋时期别人托名所作。但即使《禽经》作于唐宋时期，也仍然是我国最早的一部鸟类学著作，距今也已有八九百年的历史。

■师旷（前572—前532年），又称"晋野"，山西洪洞人。春秋时期著名乐师。他生而无目，故自称"盲臣""瞑臣"。尤精音乐，善弹琴，辨音力极强。以"师旷之聪"闻名于后世。他艺术造诣极高，民间附会出许多师旷奏乐的神异故事。

■ 鸟类标本

生物寻古

生物历史与生物科技

鸬 一种水鸟,即"鸬鹚";也叫"池鹭"。系典型涉禽类,体羽在胸、喉部白色,头和颈栗红色,背羽紫黑色。池鹭喜活动于沼泽、稻田、鱼塘、湖泊河流的浅水处,在水中趟水行走觅食,栖息于竹林、树林的枝干中,有时三五只小群活动。

其实,《禽经》不单是记载了杜鹃的情况,还有其他鸟类,比如鹗、鹏、鹇、鱼鹰、鸬鹚、翡翠、锦鸡、戴胜、黄鹂、鹤、鹈鹕、鸬鸠、伯劳、鹊鸰、鹦鹉等多种。这些鸟类大多数和现在所知种类相同。

《禽经》坚持以传统的"物化说"来看待鸟类的变化发展。对鸟的命名继承了传统的命名法。

比如翡翠鸟、锦鸡、山鸡等。翡翠是我国古代一种鸟的名字,其毛色十分艳丽。通常有蓝、绿、红、棕等颜色,一般雄鸟为红色,谓之"翡",雌鸟为绿色谓之"翠"。

翡翠鸟是一种很美丽的宠物,其羽毛非常漂亮可以做首饰。所以《禽经》记载"背有彩羽曰翡翠"。

锦鸡形状像小鸡、大鹦鹉,背部有黄、红两种纹理。雄鸟头顶、背、胸为金属翠绿色,雌鸟上体及尾大部棕褐色,缀满黑斑。这些体态特征,在《禽经》中被描述为"股有彩纹曰锦鸡"。

山鸡又叫"野鸡""雉鸡"。性情活泼,善于奔走而不善飞行,喜欢游走觅食各种昆虫、小型两栖动物、谷类、豆类、草籽、绿叶嫩枝等。它的颜色,在《禽经》中被描述为"尾有彩毛曰山鸡"。

《禽经》还以行为动作命名，如"鸷鸟之善博者曰鹗"等。鹗又叫"雎鸠""鱼鹰"，属于雕类。体形像鹰，呈土黄色，眼眶深陷，喜欢寻鱼。会在水面上飞翔捕鱼，生活在江边。用盘旋和急降的方法捕食水中的鱼。

《禽经》一书中记有60余种鸟类，其中有许多都是以往著作中所未提及的新增种类。比如鸥、白鹇、信天翁、白厥鸟等。

在《禽经》一书中，作者对鸟类的形态特征、生活习性等都有记述。例如对黄鹂，就举了几个异名："鸧鹒、鹙黄、黄鸟也。亦名楚雀，亦名商庚，今谓之黄鹂。"并且解释了有些异名的来历。有利于人们的识别。

全书注重以生态记述为主。对鸟类的食性、筑巢、育雏、迁徙等复杂行为，以及鸟类活动与环境的关系，记述非常详细。

书中细致地观察了一些鸟类的栖息地，总结出一些带有规律性的认识。如戴胜"树穴，不巢生"，鹡"冬适南方，集于河干之上……中春寒尽，故北向，燕代尚寒，犹集于山陆岸谷之间"，"山鸟岩栖"，"原鸟地处"等。

对不同鸟类在对季节气象的反映也做了记载。

049

归类研究

动植物分类

■《枫鹰雉鸡图》

■黄鹂鸟标本

如肃鸟霜鸟"飞则陨霜"，鸢类"飞翔则天大风"，泽雉"啼而麦齐"，鸥"随潮而翔，迎浪蔽日"。

在书中还可看到，鸟因食性不同，也会导致其形态结构的差异。如"物食长啄""谷食短啄""搏则利嘴""鸣则引吭"。意是食肉的鸟嘴较长，食谷物的鸟嘴较短，善于搏击的鸟嘴尖利，善于鸣叫的鸟脖子长。可见鸟类具有适应性，表明这是长期进化的结果。

由此，可以看出，《禽经》对鸟类的名称、种类、形态特征、生理活动、生活习性、生态表现诸方面都有比较广泛而又深入的研究，颇有见地。可以称是我国古代关于鸟类知识的一本小型的百科全书。

阅读链接

据说唐代贞观末年有个叫黎景逸的人，家门前的树上有个鹊巢，他常喂食巢里的鹊儿，时间久了，人鸟有了感情。

有一次黎景逸被冤枉入狱，令他备感痛苦。一天，黎景逸喂食的那只鸟突然停在狱窗前欢叫不停。他暗自想大约有好消息要来了。果然，3天后他被无罪释放。

原来，是喜鹊变成人，假传圣旨，救了主人。

由于有这类故事的印证，喜鹊成为好运与福气的象征。它还出现在《禽经》中，如书中记载："仰鸣则阴，俯鸣则雨，人闻其声则喜。"

南方动植物分类记载

自从秦汉时期岭南、南越和闽越等南方地区纳入朝廷统辖以后，生物资源也不断传入内地，开阔了内地学者的眼界，增添了他们的生物学知识。

中原历代学者，用文字和图形记录了南方动植物的名称、类别、形态、生活习性、地理分布和经济价值等的"动物志""植物志"，是动植物学的基础，也是开发和利用动植物资源的重要文献。

南海人杨孚所著的《异物志》，成书于东汉，是现存最早的一部岭南学术著作。

■ 设色荔枝蝉鸣图轴

■ 汉武帝刘彻画像

公元前111年，汉武帝在上林苑修建扶荔宫，将不少南方产的奇花异木种植在宫中。这些植物有菖蒲、山姜、甘蕉、留求子、桂、蜜香、指甲花、龙眼、荔枝、槟榔、橄榄、千岁子、柑橘等2000余种。

汉代扶荔宫是世界上最早有文字记载的温室。虽然当时有的南方植物因南北水土气候迥异而未能移植成功，但对于人们植物学知识的积累和植物新种驯化水平的提高都有巨大影响。

至东汉时期，内地的学者对南部边陲的动植物资源有了更多的了解。伏波将军马援在从交趾回来时，便从当地带回许多薏苡种子。另外，东汉朝廷还在岭南设有"橘官"以贡御橘。

东汉时期，南方的物产，越来越受到人们的注意，一些旅行家和地方官员也开始对南方的奇花异果加以记载和描述，从而出现了各种"异物志"和"异物记"之类的著作。

这些"志"和"记"实际上就是对南方动植物资源的调查研究的成果。它具有一定的植物学水平。

我国最早的一部"异物志"是东汉时期学者杨孚作的《异物志》。他的著作又称《南裔异物志》。杨孚，字孝元，广东南海人，生卒年不详。他大约生活在东汉末年至三国吴时期，是岭南历史上第一位清正高官和最早的学者。

杨孚的《异物志》，记载了交州，也就是后来的

052
生物寻古
生物历史与生物科技

上林苑 是汉武帝刘彻于公元前138年在秦代的一个旧苑址上扩建而成的宫苑，规模宏伟，宫室众多，有多种功能和游乐内容。今已无存。上林苑既有优美的自然景物，又有华美的宫室组群分布其中，是包罗多种多样生活内容的园林总体，是秦汉时期建筑宫苑的典型。

广东、广西、越南北部一带的物产风俗及民族状况，虽非医药专著，但内容涉及药用植物、动物，对研究早期岭南药物学有重要参考价值。

杨孚《异物志》内容主要包括地域、人物、职官类，如儋耳夷、金邻人、穿胸人、西屠国、狼腽国、瓮人、雕题国人、乌浒夷、扶南国、牂牁、黄头人、朱崖、交趾橘官等。

草木类，如交趾稻、文草、郁金、槟榔、扶留、益智、科藤、菖蒲、石发、甘薯、藿香、豆蔻、廉姜、巴蕉、香菅、龙眼、荔枝、榕树、摩厨、栟榈、木蜜、椰树、藤实、橄榄、桂、橘树、杭梁、梓棪、始兴南小桂、交趾草滋、荔、余甘、枸橼、木棉等。

鸟类，如翠鸟、鹝鹕、锦鸟、木客鸟、鸡鹖、鹧鸪、孔雀、苦鸟。

兽类，如狄、猓然、豻、貐母、猩猩、郁林大猪、日南驳牛、周留、麖狼、通天犀、灵狸、白蛤狸、鼠母。

鳞介类，如鲮鲤、蚺蛇、朱崖水蛇、玳瑁、虾

马援（前14年—49年），字文渊，东汉开国功臣之一，扶风茂陵人，因功累官伏波将军，封新息侯。新莽末年，天下大乱，马援初为陇右军阀隗嚣的属下，甚得隗嚣的信任。归顺光武帝后，为刘秀的统一战争立下了赫赫战功。天下统一之后，马援虽已年迈，但仍请缨东征西讨，西破羌人，南征交趾，即越南，其"老当益壮""马革裹尸"的气概甚得后人的崇敬。

■汉代鸟类画像砖

■ 椰树池塘

蜓、鼍凤鱼、蚌、鲛、鲮鱼、鱼牛、鲶鱼、凤鱼、鹿鱼、海豨、高鱼、鲸鱼。

矿物类，如磁石、玉、火齐、礁石等。

只可惜原书已佚，散见于后世征引的内容中只有翠鸟、鸬鹚、孔雀、橘、荔枝、龙眼等几种动植物，文字记载简略。

《异物志》开创了我国记载不同地区珍异物类的先河，自杨孚以后异物志类书籍愈来愈多。如三国吴人万震在《南州异物志》中，介绍了椰树、甘蔗、棘竹、榕、杜芳、摩厨等植物。从描述的内容看，万震经过实地考察，对植物的描述细致形象。

如书中对椰树的习性、枝叶、果实及其皮肉构造都有客观的描写。他很恰当地将甘蔗归于"草类""望之如树""其茎如芋"。

对其棵大、叶长也有初步定量的描述。花的形

沈莹（？—280年），三国时期吴国将军，曾任左将军，丹阳太守。沈莹所著作的《临海水土志》，对当时的台湾人民的生活有详细的描写。不过沈莹所著该书，本是已散失不全，只因为在宋代的《太平御览》卷780《东夷传》引用其一部分，所以才流传下来。

状、大小和颜色则用类比，果实的数量、根的形态，以及各品种果实形状的差异和味道的优劣，茎皮纤维的用途等都加以讨论。

这样的认识集中地体现了当时人们辨识植物特征的角度和方式。书中注重用途的记述，说明人们认识植物的目的是为了更好地利用植物。

三国时期吴国丹阳太守沈莹所记的方物志《临海异物志》，主要记载吴国临海郡即现在的浙江省南部和福建省北部沿海一带的风土民情和动植物资源。此著作有相当部分的内容是记载动植物资源的。

《临海异物志》记述了近60种鱼，40多种爬行动物和贝壳动物，20余种鸟，20多种植物。

记载大多比较简要，动物一般记述某部分显著特征和生活节律，以及在物候方面的观察经验。在记有的20多种植物中，大部分是果树，主要记述果实的形状、味道、释名等。

除了"异物志"这一名称的著作外，还有其他一些与生物学有重要关系的方物、地记著作。这些著作多见于两晋南北朝时期。如嵇含的《南方草木状》、徐衷的《南方草物状》、裴渊的《广洲记》等。其中的《南方草木状》，是开发和利用动植物资源尤为重要的文献。

《南方草木状》主要记载广东

嵇含（262年—306年），西晋时期的文学家及植物学家。所著《南方草木状》，是我国现存古代最早的植物学文献之一，将别人讲述的岭南一带的奇花异草，巨木修竹，笔记下来，整理、编辑而成。是世界上最早的区系的植物志。

■植物狼把草

生物寻古

生物历史与生物科技

鹿 在古代被视为神物。古人认为，鹿能给人们带来吉祥幸福和长寿。作为美的象征，鹿与艺术有着不解之缘，历代壁画、绘画、雕塑、雕刻中都有鹿。现代的街心广场，庭院小区矗立着群鹿、独鹿、母子鹿、夫妻鹿的雕塑。一些商标、馆驿、店铺扁额也用鹿，是人们向往美好，企盼财运兴旺的心理反映。

省番禺、南海、合浦、林邑等地的植物。它是我国古代第一部记述南方植物的著作，也是世界上现存最早的地方植物志。

这部书共分3卷：卷上叙述草类，有甘蕉、耶悉茗、茉莉花、豆蔻花、鹤草、水莲、菖蒲、留求子等29种；卷中叙述木类，有榕、枫香、益智子、桂、桄榔、水松等28种；卷下叙述果类和竹类，果类有荔枝、椰、橘、柑等17种，竹类有云丘竹、石林竹、思摩竹等6种。全书共记述植物80种。其中大多数是亚热带植物。

《南方草木状》依据植物的生物学特性，描述了它们的形态、生活环境、用途和产地等，文字相当生动简练。如书中说："椰树，叶如栟榈，高六七丈，无枝条。其实大如寒瓜，外有粗皮，次有壳，圆而且坚，剖之有白肤，厚半寸，味似胡桃，而极肥美有浆……"寥寥几句话，把椰树的形态和果实等描述得

■ 汉代耕作场景

相当逼真。

《南方草木状》还首次记载了我国劳动人民利用益虫防除害虫的生物防除法。

书中介绍，当时广东一带栽培的柑橘有很多害虫，种柑橘的人普遍知道用一种蚂蚁来防除。这种蚂蚁能在树上营巢，专吃柑橘树上的害虫，因此经常有人从野外捉这种蚂蚁来卖给管理果园的人，把其作为一种职业。

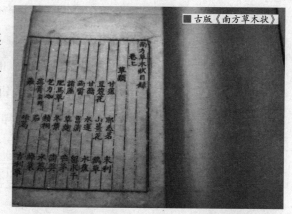
■古版《南方草木状》

从《南方草木状》还可以看出，我国早在三国时期就已开始出现实物绘图。书中"水蕉"条说："水蕉如鹿葱，或紫或黄。吴永安中，孙休尝遣使取二花，终不可致，但图画以进。"

看来当时的植物图已能真实地反映植物的性状，为后世鉴定植物学名提供了依据。

《南方草木状》对我国古代植物学的发展有比较大的影响。宋代以后，曾被许多花谱、地志所征引，特别是后世本草学著作引用更多。这部书还传播到国外，被认为是我国最早的植物学著作，是解决植物学若干问题的重要文献之一。

汉代以后出现的这许多地方志、记，不但内容新颖，翔实可据，而且涉及面广，叙述水平高，极大地开阔了人们的眼界。它们的传播对于我国南方地区的人民认识和利用这些生物资源有重要的作用。

和上述偏重记载某一地区物产的著作不同，我国古代还出现一些全国性的物产志。这些物产大多与生物有关，在生物学史上占有一定的地位。

夏至 是二十四节气中最早被确定的节气。公元前7世纪，先人采用土圭测日影，就确定了夏至。夏至这天，太阳直射地面的位置到达一年的最北端，几乎直射北回归线，此时，北半球的白昼达最长，且越往北越长。夏至，不仅是一个重要的节气，还是我国民间重要的传统节日。夏至是我国最古老的节日之一，有一种观点认为传统节日中的端午节就是源自夏至节。

在这些泛记全国各地物产的"志"中，以西晋时期郭义恭《广志》影响最大。记有全国特别是经开发后东南和西南以及漠北传入的各类有用植物、动物等。原书也已散佚，经后人辑出的有260多种。大部分与动植物有关，包含大量翔实切用、值得珍视的生物学资料。

《广志》对生物产品的记载，包括名称、产地、形态、生态、习性、用途等。

其中记述的动物有宛鹑、雉鹰、兔鹰、野鸭等；植物则有粱、秫、各种粟、稻、豆、麦等粮食作物，薇芜、蕙、茝、地榆等药物，蓝草、紫草等染料，枣、桃、樱桃、葡萄、李、梅、杏、梨、柔、柿、安石榴、甘、荔枝、栗、木瓜、枇杷、椰、鬼目、橄榄、龙眼树、益智子、桶子、槟查、蒟子、芭蕉、胡桃、枳柜、系弥等果树，桂和木蜜等香料，姑榆、椰榆等用材木。

■ 汉代割麦图

■ 贾思勰 生卒年不详，南北朝时期北魏农学家。所著《齐民要术》系统地总结了6世纪以前黄河中下游地区农牧业生产经验、食品的加工与贮藏、野生植物的利用等，对我国古代汉族农学的发展产生有重大影响。《齐民要术》是我国现存的第一部系统农书，在我国农业史上占有重要地位。

《广志》对经济作物的描述较重视生长节律，器官颜色，果实大小、构造、风味等。

比如书中对荔枝是这样描述的："树高五六丈，如桂树。绿叶蓬，冬夏郁茂。青华朱实。实大如鸡子，核黄黑，似熟莲子，实白如脂，甘而多汁，似安石榴，有甜酢者。夏至日将已时，翕然俱赤，则可食也。一树下子百斛。"

作者还注意比较不同产地的各种物产品质的优劣。这方面的记载，对我国园艺学的发展有重要意义。《广志》一书，记载真实、描述准确，对后世有一定影响，曾被北魏农学家贾思勰《齐民要术》及历代的本草著作大量引用。

阅读链接

西汉上林苑可称得上是一个庞大的离宫组合群，用以供帝王休息、游乐、观鱼、走狗、赛马、斗兽、欣赏名花异木。

上林苑有引种西域葡萄的葡萄宫，有养南方奇花异木如甘蕉、蜜香、龙眼、荔枝、橄榄等的扶荔宫。据文献记载，当时自各地移来的奇特花木多达2000余种，表明当时我国的园艺技术已达到很高水平。

作为山水的意象，上林苑自然还拓有河池，如昆明池、镐池、祀池、麋池、牛首池、蒯池、积草池、东陂池、当路池、大一池、郎池等。

药用动植物分类研究

　　自从有了生产活动，劳动人民就开始积累起使用药物治疗疾病的经验。历代生产者在采集药物的过程中，逐渐加深了对动植物的生态环境、形态特征、药用性质等的认识，形成我国古代独具特色的本草学。在我国古代典籍《神农本草经》《名医别录》《新修本草》等著作中，都有关于药用动植物的记载。它们是我国传统生物学的主要组成部分。

　　传说神农是农业和医药的发明者，他遍尝百草，有"神农尝百草"的传说，被世人尊称为"药王"。

■神农帝画像

远古的时候，人们吃野草，喝生水，食用树上的野果，吃地上爬行的小虫子，所以常常生病、中毒或是受伤。神农帝为这事很犯愁，决心尝百草，定药性，为大家消灾祛病。

有一回，神农的女儿花蕊公主病了。茶不思，饭不想，浑身难受，腹胀如鼓，怎么调治也不见轻。神农就抓一些草根、树皮、野果、石头共12味，招呼花蕊公主吃下。

花蕊公主吃了那个药以后，肚子疼得像刀绞。没多长时间，就生下一只小鸟。这可把人吓坏了，都说是个妖怪。神农却认为这只玲珑剔透的小鸟是宝贝，还给它起个名字叫"花蕊鸟"。

■《神农采药图》

神农又把花蕊公主吃过的12味药分开在锅里熬。熬一味，喂小鸟一味，一边喂，一边看，看这味药到小鸟肚里往哪走，有啥变化。

神农还亲口尝一尝，体会这味药在自己肚里是啥感觉。12味药喂完了，尝妥了，神农观察到药物一共走了手足三阴三阳十二经脉。

神农托着这只鸟上大山，钻老林，采摘各种草根、树皮、种子、果实；捕捉各种飞禽走兽、鱼鳖虾虫；挖掘各种石头矿物，一样一样地喂小鸟，一样一样地亲口尝。观察体会它们在身子里各走哪一经，各是何性，各治何病。

十二经脉 是经络系统的主体，具有表里经脉相合，与相应脏腑络属的主要特征。包括手三阴经和三阳经，足三阳经和三阴经，也称为"正经"。十二经脉通过手足阴阳表里经的连接而逐经相传，构成了一个周而复始、如环无端的传注系统。

■ 神农炎帝故居

断肠草 "断肠草"并不是一种植物的学名，而是一组植物的通称。在各地都有不同的断肠草，那些具有剧毒，能引起呕吐等消化道反应，并且可以让人毙命的植物似乎都可以叫"断肠草"。在这些有毒植物之中，名气最大的当属马钱科钩吻属的钩吻了。

天长日久，神农就制定了人体的十二经脉和《本草经》。

有一次，神农手托花蕊鸟来到太行山的小北顶，捉到一只很特别的虫儿喂小鸟。没想到这虫毒气太大，一下把小鸟的肠毒断了。神农极为悲痛，大哭了一场。

哭过之后，选了一块上好木料，照样刻了一只鸟，走哪带哪。

后来，神农在小北顶两边的百草洼，误尝了断肠草，中毒去世了。在百草洼西北的山顶上，有一块像弯腰搂肚的人一样的石头，人们都说是神农变的。

为了纪念神农创中医、制本草，人们把小北顶改名为了"神农坛"，并在神农坛上修建了神农庙。庙里塑了神农像，左手托着花蕊鸟，右手拿着药正往嘴里送。

现在，每天都有很多人观看神农坛风光，瞻仰神农塑像。

"神农尝百草"是久经流传的故事。其实，这里的神农就代表了我国古代研究动植物药用价值的人们。古代人们在长期的生产实践中，对药用动植物的研究取得了丰富的经验。这些知识，就被记录在古籍之中。

我国最早的本草学著作是《神农本草经》。它约成书于东汉时代。全书记载药物360种左右，植物药占大部分，约为250种，动物药近70种。书中将药物按其性能、疗效分为上、中、下三品。这是一种药物的功能分类，不是用于生物的分类。这种分类法比较简单。

《神农本草经》对每种药物的描述包括别名、生长地、性味、主治、功能等。其中大部分证明确有疗

063

归类研究

动植物分类

■ 神农雕塑

效，比较真实地反映了这些动植物药效的情况。

如"上品"中的人参、甘草、干地黄、薯蓣、大枣、阿胶等常用补药；"中品"中的干姜、当归、麻黄、百合、地榆、厚朴等都是补虚治疗的有效药物；"下品"中的巴豆、桃仁、雷丸也是利水、活血、杀虫的有效药。

这说明该书的记载是人们长期认识和实践的产物，具有较高的科学价值。

百合的主要应用价值不仅在于药用，有些品种还可作为蔬菜食用和观赏。其有"百年好合""百事合意"之意，我国人们自古视其为婚礼上的必不可少的吉祥花卉。受到这种花祝福的人具有清纯天真的性格，集众人宠爱于一身。不过光凭这一点并不能平静度过一生，必须具备自制力，抵抗外界的诱惑，才能保持不被污染的纯真。而关于百合这个名称的来历还有一个古老的传说呢！

说早年间在四川一带有个国家叫蜀国。据说国君与皇后恩爱有加，生了100个王子。在国君与皇后年事渐高以后，国君又娶了一个年轻貌美的妃子。这妃子入宫后第二年就给老国君生了一个小王子。

国君老年得子，十分高兴，倍加宠爱。而王妃的想法可不一样，她想到的是自己生的这个小王子若是

生物寻古

生物历史与生物科技

人参 五加科、属多年生草本植物。喜阴凉，叶片无气孔和栅栏组织，无法保留水分，温度高于32度叶片会灼伤。通常3年开花，5—6年结果，花期5—6月，果期6—9月。生于海拔数百米的落叶阔叶林或针叶阔叶混交林下。产于中国东北、朝鲜、韩国、日本、俄罗斯东部。古代人参的雅称为黄精、地精、神草。人参被人们称为"百草之王"，是闻名遐迩的"东北三宝"之一。

继承王位，是怎么也斗不过皇后生的那100个王子的。于是她就向国君进谗言，说皇后教唆着那100个王子要造反。谁知国君竟信以为真、不辨是非。就下令将皇后和100个王子驱赶出境。

蜀国的邻国叫滇国。滇国本来就对蜀国虎视眈眈，想侵占蜀国土地。现在见蜀国国君如此昏庸无道，居然连自己的亲生儿子都赶出国境，认为时机已到，便马上发兵攻打蜀国。

蜀国本来国力是非常强盛的，但文武大臣们自从见到国君宠幸王妃，听信谗言、赶走皇后和王子，也都人心涣散，都不愿为他效力了。所以当滇国的军队攻城夺池时，很快就逼近蜀国国都了，形势万分危急。

国君在束手无策之际，只好亲自督阵。可是他的年岁大了，体力不济；再加上威信丧失，军队中人人只顾自保性命，无人肯冲锋陷阵。正在这时，国君忽然看见远远来了一队人马，人数不多，却英勇异常，直奔入敌人阵营，一阵猛冲猛杀，竟然把敌军杀得人仰马翻，剩下的少数几个也狼狈逃窜而去。待到国君带领着军队迎上前去，才看清楚原来这一支仿佛从天而降的援军，竟然是被自己驱逐出宫的100个王子，以及他们带领的家臣们。

当时，国君又高兴又惭愧，激动得不知说什么才

榆　地

君 原指君主,后来成为爵位的一种,泛指拥有爵位和领土的人,也变为对男子的敬称,比如王君、谢君之类,君也可当第二人称使用,如诗句:"莫愁前路无知己,天下谁人不识君。"中国历史上的封君一般是男子,如王、公、侯、伯、男之类;也有女性封君,如公主、郡主、县主、郡君、县君、乡君之类。

■ 古画百合牡丹图

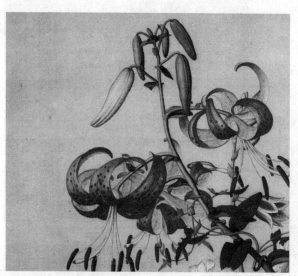

好。这时一位老臣赶上前来,对国君说:"皇上,家和万事兴呀。你该把皇后和王子们都接回来,一家人团团圆圆才能安家兴国。"

大王子说:"父王,请您放心,母后一贯教导我们要团结一心,共同扶佐父王,更要我们善待王妃与小弟。我们100个兄弟永不分离,一定要帮助父王共同治理国家。"

国君老泪纵横,激动得说不出话来。以后当然是接回了皇后和100个王子,王妃也知错认错了。蜀国从此更强盛发达了。

不久,奇事发生了。在王子们当年与敌军作战的高山林下,不知不觉地长出了一种奇异的植物。后来,人们根据它的地下茎层层叠合的特点,并联想到百子合力救蜀王的故事,便给它取了一个象征兄弟团结意义的名字"百合",意在赞美百子的美德。

《神农本草经》对我国古代本草学的发展有着深远的影响。在随后几个朝代的大型综合本草著作都收录了它的全部内容。其他一些学术著作如《博物志》《抱朴子》等也多见引用。它为我国本草学的发展奠定了基础。

《神农本草经》

成书后，汉代末期一些医学名家在此基础上，补记药物功用，新添药物种类而辑成了《名医别录》，对药物的记述包括正名、别名、性味、有毒、无毒、主治、产地、采收时节等。它反映了人们对药物认识的增进。

值得注意的是，《名医别录》开始有一些药用植物的形态描述。比如：记石脾，有"黑如大豆，有赤纹，色微黄而轻薄"；记木甘草，有"大叶如蛇状，四四相值，折枝种之便生"等记述。对植物叶的营养繁殖情况作了初步的描述。

■百合化石

《名医别录》对植物药的鉴别也有些简单的记载。如钩吻"折之青烟出者名固活"等。本书一般都指明药物的主产地，如"蕙实，生鲁山"等。

《名医别录》记载的药用动植物的别名也比《神农本草经》中记载的多，如贝母、沙参等。《神农本草经》只记有它们的一个别名，而《名医别录》则记有五六个别名。这些在古代生物学发展史上具有重要意义。

《名医别录》之后的重要本草著作是南朝时期陶弘景的《本草经集注》。陶弘景着手整理了《神农本草经》中的365种药物，又把《名医别录》中采用了的365种药物添上，编成了这部3卷收载药物730种的著作。

■古版《尔雅》

赤 代表红色，是热烈、冲动、强有力的色彩，它能使肌肉功能和血液循环加快。由于红色容易引起注意，所以在各种媒体中也被广泛利用，除了具有较佳的明视效果之外，更被用来传达有活力，积极，热诚，温暖，前进等含义的企业形象与精神。古以赤为南方之色，后因以赤指南方。如：赤帝，是神话中的南方之神，代指汉高祖刘邦。

068
生物寻古
生物历史与生物科技

《本草经集注》总结了魏晋以来本草学的发展成就，补充了许多新的内容。对药物的产地、药用部分的形态、鉴别方法、性味、采摘时间和方法等都有更详细和确切的记述和观察。

从现存的资料看，该书对药用植物的形态鉴别很重视，尤其是对果实的鉴别。如书中写道："术有两种，白术叶大有毛而做桠，根甜而少膏，可做丸散用；赤术叶细无桠，根小，苦而多膏，可做煎用。"

又如桑寄生，陶弘景指出，它"生树枝间，寄根在皮节之内。叶圆青赤厚泽。易折，傍自生枝节，冬夏生，四月花白，五月实赤，大如小豆。今处处皆有之，以出彭城为胜"。这里对桑寄生的形态、花期、习性、性味，都作了描述。

虽然陶弘景对各种动植物的描述也存在有许多不确切之处，但在本草系统中，《本草经集注》是比较注重药用动植物形态，并用之于生药鉴别的。这在植物学知识的积累和传播方面都很有价值。

《本草经集注》突破了《神农本草经》上、中、下三品分类法，参考了《尔雅》的动植物分类模式，先将药物分成玉、石、草木、虫兽、果、菜、米食、有名未用等8类，

■ 陶弘景（456年—536年），号华阳居士，丹阳秣陵人，现江苏南京。南北朝时期著名的医药家、炼丹家、文学家，道士，人称"山中宰相"。作品有《本草经集注》《二牛图》等。他堪称得上是我国医药学史上对本草学进行系统整理，并加以创造性地发挥的第一人。

然后在每类中再分为上、中、下三品。这种分类一直为唐宋时期的大型本草著作沿用。

唐代流传的《本草经集注》已经显现了它的局限性，有许多北方药物他不能得见。再加上经过多年的流传，传抄谬误不少，远远不能满足社会的需要，本草学急需加以总结提高。

于是，在全国统一后，朝廷决定编撰一部新的著作，以满足社会需求的条件已经成熟。

659年，由朝廷组织力量编修的《新修本草》完成。一些学者认为这是世界上最早由国家颁布的药典，它反映了当时的本草学水平。

《新修本草》继承了《本草经集注》的分类方法，将所载的药物分为玉石、草、木、兽禽、虫鱼、果、菜、米谷、有名未用等9部类。然后再将每部类分为上、中、下三品。

其中玉石部33种，草部有药256种，木部100种；兽禽部56种，虫鱼部72种，果部25种，菜部37种，米谷部28种，有名未用193种。

新增的100余种药中有95种是生物药，分别是草40种、木31种、兽禽9种、虫鱼6种、果2种、菜7种，如薄荷、鹤虱、蒲公英、豨莶、独行根、刘寄奴、鳢肠、蓖麻子等都是本书新增的。

本书还记载了20多种外来药，其中有安息香、阿魏、龙脑香、胡

069

归类研究

动植物分类

椒、诃黎勒、底野迦等。

以往本草著作往往只注重药物功能、产地及名称的辨别，略于药物形态的描述，并且没有附图。而《新修本草》除了对每种药物的性味、产地、采收、功用有详细的说明外，还特别注意对动植物药材的形态描述，并附有《药图》和《图经》。这对于人们认识药用动植物非常有用，具有较高的生物学价值。

《新修本草》刚修成发行就对社会上的医生有很大的影响。名医孙思邈即在自己的著作《千金翼方》中抄录了《新修本草》的目录和正文。

《新修本草》是唐代医学生的必修书之一。后来还被来华的"遣唐使"带回日本，对日本本草学的发展有很大的促进作用。

除上述综合型的本草之外，唐代还出现一些特色鲜明的本草著作。约成书于7世纪末或8世纪初的《食疗本草》，就是其中之一。

《食疗本草》中记述了人们新近食用的蔬菜如牛蒡子、苋菜等。新引入的蔬菜有白苣、菠菜、莙荙、小茴香等。这些都反映了唐代在培育、引种驯化栽培植物方面的进展。

唐代海外交通发达，中土与波斯的商业交往频

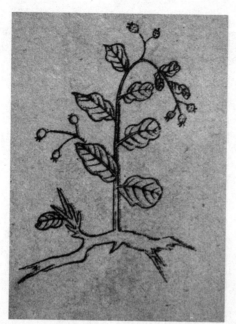

■ 中草药

遣唐使 从7世纪初至9世纪末约两个半世纪里，日本为了学习中国文化，先后向大唐派出10多次遣唐使团。其次数之多、规模之大、时间之久、内容之丰富，可谓中日文化交流史上的空前盛举。遣唐使对推动日本社会的发展和促进中日友好交流作出了巨大贡献。

繁，通过波斯商人输入的芳香药物很多，给人们增长了不少新的药用动植物知识。

据唐人李珣《海药本草》记载，这些药物包括瓶香、宜男草、藤黄、莎木面、反魂香、海红豆、落雁木、奴会木、无名木、海蚕、郎君子等16种不见于以前书籍记载的药物。

两宋时期，随着经济的逐渐恢复，科学也日益发展。本草学在经历了唐代的发展以后，在宋代又逐渐形成了一个新的发展高峰，产生了《日华子本草》《开宝本草》《嘉祐本草》《图经本草》及后来的《证类本草》和《本草衍义》等重要本草著作。

它们的出现，标志着我国传统生物学的重大进展。其中的《图经本草》成就最高，影响也最大。

《图经本草》作者是天文学、机械制造及本草学家苏颂，他是我国历史上著名的科学家。这部书的显著特点是有大量的药物图，并结合图对药物进行解说，在生物形态学方面有很高的价值。

《图经本草》对生物的描述文字生动，考证详明，总的说比前人更富于启发，辨异性更高明、更准确，有很大的进步。

■ 孙思邈（581年—682年），生于唐代时京兆华原，即今陕西省铜川市耀州区。唐代著名的医师与道士。作品有《千金方》《千金要方》。是我国乃至世界史上伟大的医学家和药物学家，千余年来一直受到人们的高度评价和崇拜。被后人誉为"药王"，许多华人奉之为"医神"。

在描述植物方面，书中举的类比植物一般都注意到形态相似，还时常用寸、尺、丈等衡量单位勾勒出植物的高低，给人以形象的概念。

对植物叶的叶缘、叶脉、叶的节律性开合，茎的形态，各种花的花冠和花序的形状，果实的形状等，大多有较详细的描述。所用的果实术语如房、罂子、荚、斗在古代植物学发展史上也很有影响。

《图经本草》一书还注意记述各种药用植物由于产地不同或野生和家种的差异，有效成分也有很大的不同。反映了人们对植物与环境关系的某种认识。并表明当时药用植物的栽培已相当普遍，同时具有一定的水平。

在对药用动物的描述方面，《图经本草》中一些出色的记述反映了当时的水平。书中对动物的描述包括动物分布区域、生态习性、形态特征、行为特点和繁殖情况等，记述全面。

《图经本草》在传统生物学上起着重要的承前启后作用。作者在考察、描述药用动植物时，不仅借鉴了历代有名的本草著作，而且还参考了有关生物记述、注释的作品。

■ 苏颂（1020年—1101年），福建泉州人。宋代天文学家、天文机械制造家、药物学家。他幼承家教，勤于攻读，深通经史百家，学识渊博。苏颂作为历史上的杰出人物，其主要贡献是对科学技术方面，特别是医药学和天文学方面的突出贡献。

■苏颂作品

应该说苏颂的工作是在前人的基础上进行了大量的充实和发展，也可以说是苏颂对前人有关药用生物学工作的初步总结。它对后来生物学和医药学的发展都有很深的影响。

宋代药物学家寇宗奭编著的《本草衍义》，在生物观察、纠正前人的不实之词方面显示了较高水平。

在动物方面，寇宗奭通过实地观察，证实前人所谓有三足虾蟆和鸬鹚繁殖时"口吐其雏"的说法都属无稽之谈。

在植物方面，寇宗奭能抓住植物的一些具体特征去辨别。如用茎和叶脉之间的不同，区分兰和泽兰。对寄生植物如菟丝子和桑寄生根的生长方式有出色的观察。对植物生长、发育、生殖、分布现象都加以关注和探索。

他注意到百合的珠芽，指出这种"子"不生长在花中，对这种不花而"实"的现象表示困惑。

寇宗奭还仔细地比较了植物须根与块根的形态差别。他曾通过简单的解剖实验来加深对花的认识；观察到今天称之为无限花序的一些特征。

在种子的传播和植物营养繁殖方面，寇宗奭也做过细致的观察。如书中"蒲公草"条说："四时常有花，花罢作絮，絮中有子，落处

■唐代药铺

生物寻古

生物历史与生物科技

即生。所以庭院亦有者,盖因风而来也。"

在"白杨""景天"等条下,他记述了这些植物的营养体极易生根,指出这是它们容易繁殖发展的原因。

此外,《本草衍义》还记述了不少生物节律现象、性别知识等,这些在古代植物学发展史上都有深远的影响。

从上述唐宋时期以前的药用生物学来看,其成就是很高的,对我国古代博物学的发展有极深远的影响。至后来的明清时期,这方面的研究更有了新的发展。

阅读链接

"本草待诏"是汉代的医官名。指不在官中专门任职,当宫廷需要时应诏进宫处理有关本草事宜的医官。

"本草"一词最早出现于汉代《汉书·郊祀志》中。古代用药以植物药为主,所以记载药物的书,就称之为"本草"。

据《汉书·平帝纪》记载,公元5年,汉平帝刘衎曾征如天文、历算、方术、本草等教授者来京师。由此可见,我国早在西汉时期,已经开始征集人力整理、研究和传授本草了。

园林类植物的研究

我国造园有着悠久的历史，隋唐宋时期是园林建造异常兴旺的一个时期。园林的发展也带来对园林植物认识的深入和研究的繁荣。

大规模收集园林植物和珍稀动物来布置园圃，客观上对人们集中认识这些动植物生活规律具有重要作用，有利于动植物引种驯化经验的积累和园林艺术水平的提高。

据记载早在商周时，就已开始利用自然的山泽、水泉、鸟兽进行初期的造园活动。

■唐代银杏树

■ 隋炀帝杨广（569年—618年），是隋朝的第二个皇帝。隋文帝杨坚、独孤皇后的次子，581年立为晋王，600年立为太子，604年继位。他在位期间修建大运河，营建东都洛阳城，开创科举制度，亲征吐谷浑，三征高句丽，因为滥用民力，造成天下大乱，直接导致了隋朝的灭亡。

隋炀帝杨广即皇帝位后，修建了洛阳西苑，其苑甚是宏伟，据说周长达140多千米。

接着隋炀帝三下江南，他在全国范围内收集奇花异卉和一些珍禽异兽，将它们种植和养殖在园圃中。

唐代的大型皇家园林，基本是沿用隋代的。这一时期的许多官僚有颇具规模的私园。其中也引种有大量的观赏植物。

唐初宰相王方庆的《庭园草木疏》一书，专记载园林植物。这本著作久已失传，现在一些丛书所收的寥寥数条，显然是从《酉阳杂俎》中抄来的。

在王方庆著作的启发下，中唐宰相李德裕根据自己的私园平泉庄，写下了《平泉山居草木记》一书，堪称为平泉庄的"植物名录"。

平泉庄是李德裕在洛阳城外约15千米处营造的一座私园。

李德裕出身世家，一生酷爱嘉树芳草、奇石。他营建这座园林时，费尽心机收罗植物名品，以期传流后世，陶冶子孙的情操，增加他们的博物学知识。

据乾宁年间崇文馆校书郎康骈《剧谈录》记载，

王方庆 生卒年不详。他是东晋时期宰相王导的后裔，雍州咸阳人，就是现在的陕西省咸阳。唐代宰相。王方庆酷爱书法，又兼王羲之后人，对书法自有一番建树，著有《王氏八体书范》《王氏工书状》等。所著的《庭园草木疏》专记园林植物。

平泉庄"卉木台榭，若造仙府"。李德裕是当时的权臣宰相。"远方之人，多以弄物奉之"。

据李德裕他自己的记载，园中有金松、琪树、香桂木、四时杜鹃、碧百合等上百种。这些植物主要都是来自于江浙、湖广一带，大多是园林珍品，以木本植物为主。收罗之全面，也称得上穷极天涯，令人叹为观止。

即使是后世的名园，也很少能在收集珍品植物方面望其项背。

经过唐代的积累，宋代人对园林植物的了解、认识更为具体和深入。不但各园记载有大量的植物，而且出现了许许多多的园林植物专谱。其中一些有较高的植物学价值。

向全国征集园林植物的做法，在宋徽宗时达到登峰造极的地步。

据宋徽宗所写《御制艮岳记》等文献记载，宋徽宗在营建艮岳时，不但仿照自然山水叠成各种山岩沟壑，造就许多亭榭楼阁，而且还派官吏到全国各地收集观赏植物和珍奇动物。

宋徽宗 （1082年—1135年），是宋代第八位皇帝。赵佶先后被封为遂宁王、端王。宋徽宗在位共计25年，国亡被俘受折磨而死，终年54岁，葬于永佑陵，位于现在的浙江省绍兴市柯桥区东南。他自创了一种书法字体。被后人称之为"瘦金书"。

■李德裕（787年—850年），唐代中期著名的政治家、诗人。他与其父李吉甫均在唐文宗和唐武宗时期两度为相。执政期间外平回鹘、内定昭义、裁汰冗官、协助武宗灭佛，功绩显赫。据说李德裕发明了中国象棋。

李格非（约1045年—约1105年），山东济南历下人。北宋时期文学家。女词人李清照之父。所著《洛阳名园记》是有关北宋时期私家园林的一篇重要文献，对所记诸园的总体布局以及山池、花木、建筑所构成的园林景观描写具体而翔实，可视为北宋时期中原私家园林的代表。

生物寻古

生物历史与生物科技

■人参

宋徽宗从南方等地移来的植物中有枇杷、橙、柚、橘、柑、荔枝、金蛾、玉羞、虎耳、凤尾、素馨、末莉、含笑等。在这个巨大的皇家苑囿中，造园者别出心裁地开辟专圃种植植物和放养动物。

有植梅万棵，芬芳馥郁的萼绿华堂。人工湖上，凫雁浮泳水面，栖息石间，不可胜计。水边还种有大片苍翠蓊郁的竹林。

艮岳西部的药寮，人参、白术、枸杞、菊花、黄精、芎等生长茂盛。仿农舍的西庄，种植有常见的农作物和一些观赏的攀援植物，颇有乡居风味。在蜿蜒的山腰上，密植青松，号为"松岭"。

可以看出，这里的植物安排非常注意模仿自然，但更精练和概括，突出体现了我国自然山水园林的艺术特点。其中也包含着建园者对植物生态习性和生理特征的深刻理解。

北宋文学家李格非《洛阳名园记》一书，记有大量私园中所栽植植物的情况。

如"天王院花园子"没有什么园亭建筑，但却种了几十万棵牡丹。"李氏仁丰园"中种有众多的各类花木。园主的嫁接技术很高，可以"与造化争妙"。

园中"桃李梅杏

莲菊各数十种；牡丹芍药至百余种"。还有"紫兰茉莉琼花山茶之俦"。"归仁园"种植大量的牡丹、芍药、竹和桃李。

"丛春园"是以桐、梓、桧、柏等乔木为主，环溪栽种各类花木和松桧。

从书中的记述可以看出，当时洛阳不但荟萃了大量的花木，而且引种、栽培、嫁接的水平都很高，所以一些南方的植物如茉莉、山茶等才能在那里生长。

随着洛阳园林的兴盛，宋代还出现专记这里花木的著作。著名的有周师厚的《洛阳花木记》和欧阳修的《洛阳牡丹记》。

《洛阳花木记》列举了各种花的花色，记牡丹109种，芍药41种，杂花82种，各种果子花147种，刺花37种，草花89种，水花19种，蔓花6种。

在记载花品之后，又载有四时变接法、接花法、栽花法、种子法、打剥花法、分芍药法等篇。记述很详尽。

《洛阳牡丹记》分3篇：

一是《花品叙》，列出牡丹品种有24个。指出了牡丹在中国生长的地域，并认为"出洛阳者今为天下第一"。

二是《花释名》，解说花名由来："牡丹之名或

■ 花园景观

周师厚 （1031年—1087年），北宋时鄞人，就是现在的浙江省鄞县高桥镇新庄村。周师厚是名臣范仲淹的侄女婿。历提举湖北常平、通判河南府及保州，仕至荆湖南路转运判官，正五品。著有《洛阳花木记》，记载各种名花异卉，洛阳牡丹109种。

蔡襄（1012年—1067年），宋代政治家、书法家、茶学专家。卒赠礼部侍郎，谥号"忠"。书法史上论及宋代书法，素有"苏、黄、米、蔡"四大书家的说法。他所著《荔枝谱》为记述荔枝最详细的一种，是研究荔枝史的重要参考资料。

以氏或以州或以地或以色或族其所异者而志之。"

列举了各品种的来历和主要的形态特征，说珍贵的品种姚黄、魏花被尊之为"花王""花后"。花型已有单叶型、千叶型的区分；花色已有黄、肉红、深红、浅红、朱、砂红、白、紫、先白后红等。并记述了牡丹由药用本草扩展为花卉观赏的历程。

三是《风俗记》，记述洛阳人赏花、种花、浇花、养花、医花的方法；并说为将花王送到开封供皇帝欣赏，采用了竹笼里衬菜叶及蜡封花蒂的技术。

除上述两书外，宋代关于园林动植物的其他著作还有：蔡襄的《荔枝谱》、陈翥的《桐谱》、刘攽的《芍药谱》、王观的《扬州芍药谱》、刘蒙的《菊谱》、张邦基的《陈州牡丹记》、王贵学的《兰谱》、范成大的《范村梅谱》和《范村菊谱》、韩彦

■洛阳牡丹记石刻

直的《橘录》等。这些作品，都为当地或自种名花、名果和树木作记作谱，可谓风气盛行。

古画牡丹

宋代在促花开放的控温技术方面也有很大的进展，这反映在《齐东野语》一书记载的"堂花"技术中。

"堂花"是指通过人工处理，催发植物提前开放的花。主要是通过改变小气候来实现的。《齐东野语》详细地记述了温室内的布置，施肥灌溉和加热扇风等技术。强调要因花而异地采取措施。

如秋天开的桂花就不能和其他春花一概而论。它应该加些类似秋天气候的凉爽处理，才能达到其开放的目的。这些都说明当时人们对植物开花时的生理要求已有粗浅的认识。

陈翥（982年—1061年），安徽省铜陵县贵上著土桥人，即现在的钟鸣镇。他60岁时，在家中数亩山地植泡桐数百棵专事研究，后撰成《桐谱》，对各种以桐为名的植物之间差别的描述，为后人更好地认识和利用这些经济木提供了很好的依据。

阅读链接

传说唐宪宗年间，韩愈因谏迎佛骨"舍利子"被贬潮州任刺史，其侄儿韩湘子助他平安到达潮州后，帮助其驱赶鳄鱼，使潮州人民免受鳄鱼危害之苦。

韩湘子是"八仙"之一，他助其叔父韩愈诸事办妥之后，便告别叔父回返天庭。

后来在明代成化年间，韩湘子又来到潮州，从百果大仙那里要来橄榄树种，以嫁接技术在潮州栽培。然后顺手将果笋丢下，只见此笋飘落在官坑村的一片空地上，瞬间化为一座山。后来人们便将此山叫"浮笋山"。

古代动植物分类专谱

　　我国古代生物学由于医药事业、种植业、园艺业、养殖业、酿造业和海外贸易的发展而扩大了视野，积累了更为丰富的动植物知识，出现了大量的动植物专谱和著作。

　　我国古代以家养动物为对象的专谱，至迟在西汉时候就已经出现，相畜专著的出现就是标志。此后出现了有关植物的专业著作如《竹谱》等，是古代动植物分类研究的新成就。《竹谱》是一部画竹专论，又名《竹谱详录》，共10卷。全书卷各有图。

■古代战马石雕

■伯乐 本名孙阳，一说他乃赵简子御者，善相马，字子
良，又称"王良"。春秋时代的人。由于他对马的研究
非常出色，人们便忘记了他本来的名字，于是，干脆称
他为"伯乐"。传说中，天上管理马匹的神仙叫作"伯
乐"。在人间，人们便把精于鉴别马匹优劣的人，也称
为"伯乐"。

《三国演义》中描写刘备所骑的
"的卢"是匹黑马，唯独额头有一点
白，相马之人说这种马必妨主人。它原
先是三国第一猛将吕布的坐骑。吕布去
世后，这匹马落在刘备胯下。

后来蔡瑁设计欲谋害刘备，刘备慌
忙从酒席中逃走，骑上"的卢"却慌不
择路走错了路，结果来到了檀溪。前面
是阔越数丈的檀溪，后面是追兵，刘备
仰天长叹："的卢的卢，你果然妨害主人！"

谁知话音刚落，"的卢"却奋起神威，一跃而过10丈溪水，飞上
对岸，完成了"的卢"最富传奇意义的演出。当时的人，认为刘备有
如天助，其实是"的卢"助之。

由此故事，可见当时对相马之重视，也可见相马术之成熟。

事实上，生产、战争、娱乐，人类社会的这些活动都离不开马。
于是自古以来人们就向往好马、"神马"，也就有了"相马术"。

据《相马经》记载，春秋战国时期的伯乐，曾经把一匹马的全身
比作君、相、将、城、令，完全依战争之需要。伯乐能这么动脑筋，
进行理论上的概括，这使他成了一位名垂千古的相马能人。

时过境迁，至汉代，《汉书·艺文志》中著录有《相六畜》38
卷，包括涉及马、牛、羊、猪、狗、鸡传统的家养"六畜"。说明当
时已经有以家养动物为对象的专谱出现了。

竹是高大、生长迅速的禾草类植物，茎为木质。竹枝干挺拔，修长，四季青翠，凌霜傲雨，备受我国人民喜爱，有"梅兰竹菊"四君子之一，"梅松竹"岁寒三友之一等美称。我国人民历来喜爱竹子，我国也是世界上研究、培育和利用竹子最早的国家，被誉为"竹子文明的国度"。我国古今文人墨客，嗜竹咏竹者众多。我们把竹子给人类物质文明和精神文明带来的作用和影响，称为竹文化。

■伯乐相马

动植物专谱的出现使分类研究更加清晰，是我国古代生物学发展的标志之一。秦汉时期至魏晋南北朝时期有许多关于动植物的专著出现。例如《卜式养羊法》《养猪法》《相鸭经》《相鸡经》《相鹅经》等，但多已佚失无存。

《隋书·经籍志》著录有《竹谱》《芝草图》《种芝经》等多种植物方面的专谱。据《隋书》记载，这些书在梁代还存在，后来除《竹谱》尚流传外，其他大都散佚。

《竹谱》是我国现存的最早关于竹类的专书，据《旧唐书·经籍志》载，作者为戴凯之。

竹在魏晋南北朝时期是上层人物和知识分子的宠物，随着南方的开发，竹在生产生活中的用途也日益显著，戴凯之适时地对竹类加以研究论述是自然的，是时代的需要。

戴凯之是晋代武昌人。他的《竹谱》记述竹的种

■ 戴凯之 南北朝刘宋时期的植物学家。官居南康相，所著《竹谱》以韵文为纲，用散文逐条解释竹子的类别特性。他指出竹"不刚不柔，非草非木"，全书记述了61种竹类植物，是我国最早的一部竹类植物专著。

类和产地，每条都有注释。作者通过实际调查，记录了主要产于我国南方五岭周围的70多种竹类。

《竹谱》首先指出竹类的特点是："不刚不柔，非草非木。"纠正了《山海经》《尔雅》以竹为草之误，认为应属植物中的特殊一族。

接着描述了竹的形态和生理特征是：具节，一般茎中空，常青绿，怕严寒，初生为笋具箨，生活期约60年，有开花结实枯死特性，水渚岩陆均可适生。这些描述都是正确的，不经过实地观察不可能记得这样清楚准确。

对各种竹的形态特征，《竹谱》都能抓住主要点作出比较具体的记述。

例如记麻竹："苏麻特奇，修干平节，大叶繁枝，凌群独秀"，突出了麻竹竿直环平，丛生多枝和叶大如履的特征；记弓竹："如藤，其节隙曲，生多卧土立则依木"，突出了弓竹竿长而且软、每节弯曲、卧地生竹、似藤的特征。

对有些竹类，不仅记外形，而且记内部。这是细致观察的结果。

《竹谱》对竹类用途也很注意。如蘄竹、棘竹，筋竹可做弓箭矛弩；单竹可以织以为布；苦竹下节可

弩 是古代的一种冷兵器，出现应不晚于商周时期，春秋时期弩成为一种常见的兵器。弩也被称作"窝弓""十字弓"。古代用来射箭的一种兵器。它是一种装有臂的弓，主要由弩臂、弩弓、弓弦和弩机等部分组成。虽然弩的装填时间比弓长很多，但是它比弓的射程更远，杀伤力更强，命中率更高，对使用者的要求也比较低，是古代一种大威力的远距离杀伤武器。

■笋竹图

以做汤；筱竹、篁竹可以为笙笛；棘竹枝节有刺，还可以做城垣；筱竹大，可以做梁柱；篇竹叶大，可以做篷；一般肠竹、鸡胫竹、浮竹的笋特别美，可食，还特别介绍浮竹笋的吃法等。

《竹谱》首次专对竹的形态、分类、生理、生态以及作用等多方面加以记述，是一部很有价值的竹类专著。戴凯之《竹谱》之后，宋元明清时期都有人撰写《竹谱》，宋代僧人赞宁还写有《笋谱》，著录笋有98种之多。

《笋谱》除列举笋的别名之外，还记述栽培方法，记述全国各地所产98种笋的名称、形态特征、生长特性、产地、出笋时间等。还记有各类笋的性味、补益及调治、加工保藏方法，有一定参考价值。

总之，专门记述某一类或某一种动物或植物的"专谱"的出现，是我国古代在动植物分类方面的重要成就，也是古代生物学发展的标志之一。

阅读链接

古人把六畜中的马牛羊列为上三品。马和牛只吃草料，却担负着繁重的体力劳动，理应受到尊重。羊在古代象征着吉祥如意，又是祭祀祖先时的第一祭品，当然会受到人们的叩拜。

鸡犬猪为何沦为下三品，也只能见仁见智了。猪往往和懒惰、愚笨联系在一起。鸡在农业时代只起到拾遗补缺的作用，其重要性难以与牛马比肩。狗虽然忠诚，但它常给人招惹是非，因此狗的地位在古人眼里不是很高。

六畜取长补短，为我们作出了极大的贡献。

昆虫的利用

昆虫是整个生物界中最大的类群，它们形体虽小，却种类和数量众多，关系着人类的生产和生活。我国历代人民在昆虫研究利用和害虫防治方面都取得了显著的成绩。

我国古代对经济昆虫如蚕、蜜蜂等的研究利用，取得了丰硕的成果。在昆虫寄生方面的多项观察和研究也是世界少有的。

古人还充分利于昆虫营养丰富和味道鲜美的特点，开拓了食物来源。除了充分利用昆虫为生产和生活服务外，我国古代还积累了丰富的治蝗经验，也是宝贵的历史遗产。

古代昆虫资源开发利用

　　我国古代对昆虫资源的开发和利用，其主要成就体现在研究昆虫的经济意义、形态特征、生物学特性、养殖技术及利用方法等，以便合理开发昆虫资源。

　　我国对资源性昆虫的利用历史悠久，如蚕、蜜蜂、紫胶虫、白蜡虫、五倍子蚜虫，都是我国传统的资源昆虫。尤其是对蚕丝的研究，是我国古代早期发明之一。

　　相传在六七千年前，伏羲氏发明了乐器，并以桑制瑟，以蚕丝为弦；5000多年前，黄帝将蚕丝织成绸、制成衣帽；养蚕业的兴起，大约是在公元前1388年至公元前1135年的商代。

■ 古代蚕丝业景象

相传远古时候，有一位美丽、善良的姑娘，出生在西陵国螺村山一户人家。姑娘长大后每天都要外出采集野果来奉养体弱多病的二老。她不怕苦和累，近处的野果采集完了，便跋山涉水到远处去采集，每天都很晚才回家。

不久，远处的野果也采完了，拿啥来奉养二老呢？生活的艰难使姑娘靠在一棵桑树下伤心地哭起来，哭声是那样哀婉、凄凉，使远近的飞禽走兽都感动得流下了泪水。

这哭声震动了天庭。玉皇大帝拨开云雾向下一看，见到一个十四五岁的孝女哭得死去活来，便发了善心，把"马头娘"派下凡间，变成了吃桑叶吐丝的天虫。

马头娘看见姑娘悲伤的样子，便将桑果落在她的嘴边，姑娘舔舔嘴边又酸又甜。便吃了一点，觉得没什么异样，就采了许多带回家给二老吃，老人吃后精神一天比一天好。

一个阳光明媚的夏天，姑娘发现树上的天虫不断地吐着丝，做茧子，在阳光下产生的七彩反射非常美丽。

西陵国 传说中的螺祖故里。这个古国从严格意义上来讲，只存在于史书的记载中。《史记·五帝本纪·正义》解释说："西陵，国名也。"轩辕娶了西陵国王之女为妻，螺祖原本是西陵国人。如果黄帝和螺祖确有其人，那么这个西陵国就极有可能确实存在。

■ 辽代琥珀蚕蛹

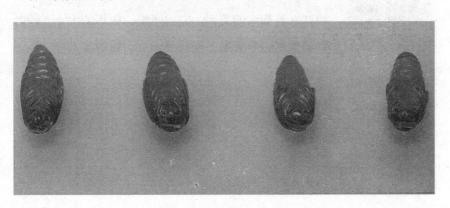

■ 黄帝正妃嫘祖塑像

出于好奇，姑娘采一粒放在嘴里，用手把丝拉出来，这丝又有韧性。她索性像天虫那样，编成一块块小绸子，连成一大块给父母披在身上。热天凉爽、冬天温暖，于是为天虫取名为蚕，捉回家喂养。

经过长期的经验积累，姑娘完全掌握了蚕的生产规律和缫丝织绸技艺，并将这些毫无保留地教给当地的人们。从此人们结束了"茹毛饮血，衣其羽毛"原始衣着，进入了锦衣绣服的文明社会。

姑娘发明养蚕缫丝织绸的消息很快传遍西陵国，西陵王非常高兴，收姑娘为女儿，赐名"嫘祖"。

嫘祖这一惊天动地的创举很快传遍了神州大地，部落的首领纷纷到西陵国向她求婚，都遭到嫘祖的婉拒。后来中原部落首领黄帝轩辕征战来到西陵，两人一见倾心，很快嫘祖被选作黄帝的元妃。

嫘祖辅助黄帝战胜了南方的蚩尤和西方的炎帝，协调好各部落的关系，完成了统一中华的大业。同时奏请黄帝诏令天下，把栽桑养蚕织锦的技术推广到了全国各地。

嫘祖去世后，黄帝把她葬于嫘村山，后世尊称其为"先蚕娘娘"，并推崇为我国养蚕取丝的创始人。每到植桑养蚕时间，人们纷纭设祭坛祭祀先蚕，以求风调雨顺，桑壮蚕肥。同时也用来祭奠嫘祖这一伟大

缫丝 将蚕茧抽出蚕丝的工艺称"缫丝"。最原始的缫丝方法，是将蚕茧浸在热盆汤中，用手抽丝，卷绕于丝筐上。因此盆、筐就是原始的缫丝器具。缫丝方法很多，按缫丝时蚕茧沉浮的不同，可分为浮缫、半沉缫、沉缫3种。

的发明创造。

这个养蚕取丝的故事，其实向世人展示我国古代对昆虫资源开发利用并取得的显著成果。蚕原来是野生在自然生长的桑树上，在蚕桑还未被驯养之前，人们可能已经懂得利用野蚕茧抽丝了。

我国桑树的栽培已有7000多年的历史。至周代，栽桑养蚕在我国南北广大地区得到蓬勃发展，养蚕织丝被认为是妇女们都必须参加的副业劳动。

《诗经》中就有许多篇章描写蚕桑，有的诗还生动地描绘了当时妇女们采桑养蚕忙碌的劳动情景。

《豳风·七月》写道：

> 春日载阳，有鸣仓庚。女执懿筐，遵彼微行，爰求柔桑。

元妃 妃嫔称号。本为"元配"之意，指第一次娶的原配。原配来指称最初的妻子之义，具有唯一性。元妃指却比元配的意义走得更远，元妃是妃子的称号。至后来，已不仅仅限于指称第一位娶的正妻了。只是地位尊贵的一种象征。

■ 古人纺丝场景

这首诗翻译过来的大致意思是：春天一片阳光，黄鹂鸟在歌唱。妇女们提着箩筐，走在小路上，去给蚕儿采摘嫩桑。

在商代，甲骨文中已出现"桑、蚕、丝、帛"等字形。至周代，采桑养蚕已是常见农活。

春秋战国时期，桑树已成片栽植。我国劳动人民对桑树作了改良，培育了许多产量高、质量好的品种。

战国铜器上《采桑图》描绘的桑树有高矮两种类型，低矮的桑树可能就是后人所称的"地桑"。

关于地桑，古籍说：头年将桑葚和黍一起种下去，待桑树长到和成熟的黍一样高时，齐地面割下，第二年桑树便从根上重新长出新的枝条。这种桑树不仅便于采摘和管理，而且枝嫩叶肥产量较高。

地桑的出现，也是蚕桑生产发展上的一大进步。

古人重视发展蚕桑技术，对蚕桑生产的发展有重要意义。

战国时期的《管子·山权薮篇》主张，对群众中精通养蚕技术的人，请他介绍经验，并给予黄金粮食和免除兵役的奖励。可见当时非

■古代采桑塑像

■ 采桑彩绘砖

常注意总结经验，以提高栽桑养蚕的生产水平。

在长期和广泛发展蚕桑生产的活动中，必然会涌现出一批专家和能手。他们在长期实践中有所创造和发明，积累了丰富的经验。

《礼记·祭义》中就指出带露的桑叶，必须风干了才能喂蚕。其中还有用流水冲洗消毒卵面的记载，后来进一步发展到用朱砂溶液、盐水、石灰水，以及其他具有消毒效果的药物来浴洗消毒卵面，这对防止蚕病发生也非常重要。

荀况所著的《荀子》一书包含有丰富的自然科学知识。他对养蚕也颇有研究，写过《蚕赋》一篇，研究了三眠蚕的特点、习性及其化育过程的规律。

随着养蚕业的发展，人们对家蚕的习性也有了更进一步的认识。宋代农学家陈敷在《农书》中写道：

　　蚕最怕湿热及冷风，伤湿即黄肥，伤风即节高，沙蒸即脚肿，伤冷即亮头而白

赋 由楚辞衍化而来，是以"铺采摛文，体物写志"为手段，以"颂美"和"讽喻"为目的的一种有韵文体。它多用铺陈叙事的手法，赋必须押韵，这是赋区别于其他文体的一个主要特征。赋起于战国，盛于两汉。

三眠蚕 在幼虫期3次停止食桑就眠蜕皮，经过4个龄期即止蒸结茧的称为三眠蚕品种。三眠蚕品种的幼虫期时间短，食桑量少，蚕茧的茧形小，丝量少，茧丝纤度细。应用这种蚕品种可以生产细纤度的生丝。用这种丝编织的布料，具有高度透光，极度轻巧的特点。

蜇，伤火即焦尾，又伤风亦黄肥，伤冷即黑白红僵。

陈敷正确地指出了过高或过低温、湿度对蚕儿正常生长发育的不利影响，它是直接诱发蚕儿罹病的重要原因。

陈敷《农书》对蚕种的选择和保护，都做过研究。他认识到选种不同批次的蚕儿生长发育有重要意义，因此特别重视蚕种的选育。

我国在2000多年前就注意到了蚕种的清洁和保护。但在宋代之前，蚕农们还只是用清水浴洗卵面。而陈敷在《农书》中已记载使用朱砂溶液浴种。

"至春，候其欲生未生之间，细研朱砂调温水浴之。"这种临近蚕卵孵化之日，用具有消毒效果的朱砂溶液浴种，具有消毒卵面的作用。

蜜蜂的饲养，其历史应该比养蚕更早，但是缺乏记载。晋代学者皇甫谧著《高士传》，记载东汉时期

■古籍《农书》

人姜歧乡居养蜂的事；文学家张华《博物志》记载有蜂蜜的收集方法。

宋代学者罗愿《尔雅翼》记述了蜂的种类、蜜的色味与蜜源植物的关系；药学家唐慎微《证类本草》中还绘有蜂房图。

特别是宋代文人王禹偁在《小畜集》中写有"记蜂"，对蜂巢的内部组织、分群习性，尤其是控制分群方法作了详细的记述，很有价值。

宋代著名文学家苏轼还写过《收蜂蜜》的诗：

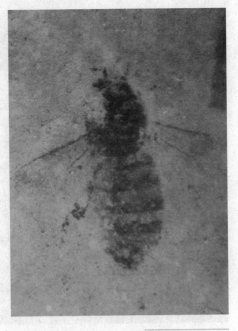
■ 蜜蜂化石

空中蜂队如车轮，中有王子蜂中尊。

分房减口未有处，野老解与蜂语言。

对野老趁蜜蜂分巢时收取蜂群的记述，历历如绘。我国古代还对白蜡虫、紫胶虫和五倍子蚜等昆虫的生活习性进行了研究并加以饲养，也取得了举世瞩目的成就。

虫白蜡是雄性白蜡虫的分泌物，是我国自古以来的农家副产品。

宋代词人周密《癸辛杂识》记有关于白蜡虫的饲养。说江浙过去不产白蜡，后来有人由淮北带来白蜡虫出售。

苏轼（1037年—1101年），字子瞻，号东坡居士。北宋时期文学家、书画家。学识渊博。文与欧阳修并称"欧苏"，为"唐宋八大家"之一；诗与黄庭坚并称"苏黄"。词开豪放一派，对后世有巨大影响，与辛弃疾并称"苏辛"；书法与黄庭坚、米芾、蔡襄并称"宋四家"等。

■《本草纲目》

其种形状如小黄果，"每年芒种前以黄布作小囊贮虫十余枚，遍挂桎树间，至五月，每一子出虫数百，遗白粪于枝梗，八月中剥取用沸汤剪之就成白蜡。又遗子于树枝间，初甚细，来春渐大，收其子如前法散育之。"

这里已将放养白蜡虫、收取白蜡的时间和方法，基本上说明了。

明代医学家汪机《本草会编》、李时珍《本草纲目》和徐光启《农政全书》对白蜡虫的寄生植物的种类、性状、产地和白蜡虫的习性以及采蜡的方法等都有更详细的记述。后来，我国饲养白蜡虫的消息传至欧洲。

紫胶是紫胶虫的分泌物，在我国古书上称为"紫铆""紫梗"或"赤胶"，是由紫胶虫的雌虫分泌的。紫胶虫又叫"紫梗虫"，古代曾称为"轲虫"，在国外称为"胶虫"或者"鳞片虫"。

胶虫也是一种资源昆虫。紫胶首先是用作药材，其次用作染料。

许多古籍有用作染料的记载，《吴录》说紫胶可以染絮物即丝织品；苏恭说可以染麞皮和宝钿，苏颂著《本草图经》说今医方也罕用，唯染家所需，说明到了宋代紫胶用作染料，已超过药用了。

我国古代所用紫胶，可能多从国外进口，古籍所载产地有越南中部的清化省、交阯、南番等。虽然都提到了我国也出产紫胶，但可能由于陆上交通不便，不如海路来得方便而从国外进口。

《徐霞客游记》第一个明确云南省是我国紫胶的产地，一直以来云南省是我国紫胶的主要产区。云南省所产的紫胶都以低价作为原料输出国外，在国际市场上占相当数量。

明代地理学家徐霞客在云南考察时，第一次指出云南是我国紫胶产地，同时记述了紫胶虫的寄生植物紫梗树的形态。五倍子是染色、制革工业的重要原料，也是重要药物，它是五倍子蚜虫在盐肤木叶上所形成的虫瘿。

五倍子在我国大部分地区均有分布，由于它含有大量的五倍子鞣质，所以，工业上从中提取鞣质，用于鞣软皮革，制造塑料及蓝墨水，还用于制造染料。

明代《普济方》中记载的方法是：

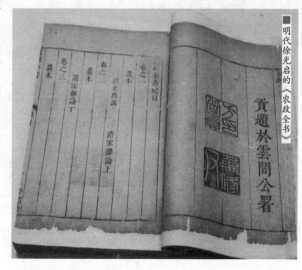

明代徐光启的《农政全书》

徐霞客雕像

用五倍子为粗末，每斤加入茶叶末一两，酵糟四两，同置容器中拌匀捣烂，摊平，切成约一寸见方小块，发酵至表面长出白霜时取出，晒干，制成品即为"百药煎"。每次"取百药煎一两，针砂、醋炒荞麦面各半两，先洗须发，以荷叶熬，醋调刷，荷叶包一夜，洗去即黑"。这也算是我国古代的一种美容术。

总之，蚕、蜜蜂、虫白蜡、紫胶、五倍子都是我国自古以来对昆虫资源开发利用的成果，这些产品除了供应国内，还源源不断地输往国外。尤其是对白蜡虫、紫胶虫、五倍子蚜的认识利用，是我国古代生物学的又一成就。

阅读链接

相传在远古时代，有个姑娘的父亲外出，她思父心切，就说谁把父亲找回来就以身相许。

家中的白马听后，飞奔出门，没过几天就把父亲接了回来。但是人和马不能结亲，父亲就将白马杀死，还把马皮剥下来晾在院子里。

不料有一天，马皮突然飞起将姑娘卷走。又过几天，人们发现，姑娘和马皮悬在一棵大树间化为了蚕。人们把蚕拿回去饲养，把那棵树叫"桑树"，而身披马皮的姑娘则被供奉为蚕神，因为蚕头像马，所以又叫"马头娘"。

古代昆虫寄生现象研究

  昆虫寄生是指昆虫中的一些种类，在一个时期内或终身附着其他动植物体内或体外，并以摄取寄主的营养物质来维持生存，从而使寄主受到损害的昆虫。古代很早就观察到昆虫的寄生现象。古代学者对寄生虫，以及螨虫、蛔虫、蛲虫等寄生现象进行了细致的观察和研究，这在当时世界上是少有的。

  我国早在上古时期，先民们就意识到自然界的毒虫对人的侵害。殷商甲骨文出现"蛊"字，说明3000多年前古人就已发现了人体内的寄生虫。

■ 古籍《三国志》

■ 华佗（约145年—208年），东汉末年著名医学家。与董奉、张仲景并称为"建安三神医"。他医术全面，尤其擅长外科，精于手术，被后人称为"外科圣手""外科鼻祖"。精通内、妇、儿、针灸各科，外科尤为擅长，行医足迹遍及安徽、河南、山东、江苏等地。

据《三国志》记载，华佗有一次遇见一个喉咙被东西塞住的病人，断定是寄生虫病，并告诉他买些腌制的韭菜酱，吃了就会好。患者照办，果然吐出一条大虫，病也就自然好了。

患者把虫子挂在车上去拜谢华佗，进门看见华佗家墙的北面挂着同样的虫子数十条。原来当时得寄生虫的病人有很多，而且有的寄生虫竟然像蛇一样长。

华佗用韭菜酱治疗寄生虫病，无疑成为了千古佳话。这一方剂在现在治疗寄生虫病时也常常用到。

古代的时候缺医少药，寄生虫像蛇一样大，应该不足为怪。华佗能治好这么多的寄生虫病人，可见他对寄生虫病颇有研究。

我国早在上古时期，先民们就已经意识到自然界的毒虫对人的侵害。殷商甲骨文出现"蛊"字，就像很多虫子同蓄于器皿。《说文》："蛊，腹中虫也。"腹中有虫，当会啮噬内脏，引起腹胀、腹痛、下血等症。

由此可见，我国在3000多年前已发现了人体内寄生虫，表明人们对毒虫进入体内作祟的猜想，此为对寄生虫病认识之始。

战国秦汉以来的许多古医籍记载了多种寄生虫病，涉及现在的人体寄生虫学所列的蠕虫病、原虫病和昆虫病，有的记载还属于世界首创。所记载防治寄生虫病的方法和药物，于今仍有实际意义。

其后，历经周秦汉唐各代，关于寄生虫病的证治积累渐丰，对多种虫体与虫病能细致地加以描述，有些发现属于世界首创。

比如隋代医学家巢元方等撰的《诸病源候论》中所称的"九虫"皆是蠕虫。

其"九虫候"说道：

> 九虫者，一曰伏虫，长四分；二曰蛔虫，长一尺；三曰白虫，长一寸；四曰肉虫，状如烂杏；五曰肺虫，状如蚕；六曰胃虫，状如虾蟆；七曰弱虫，状如瓜瓣；八曰赤虫，状如生肉；九曰蛲虫，至细微，形如菜虫。

■ 华佗行医图

■ 列子塑像

对于人群的感染和发病的情况，巢元方进一步指出：

　　人亦不必尽有，有亦不必尽多，或偏有，或偏无者。此诸虫依肠胃之间，若腑脏气实，则不为害，若虚则能侵蚀，随其虫之动而能变成诸患也。

　　表明人群寄生虫的感染率很高，但也有未感染者。虫病的症候表现又与感染者脏腑虚实状态有密切关系。这些观点，体现了中医发病学重视正邪双方斗争的一贯理论。

　　古代医籍在对虫病的症候描述及其分型上，达到了很高的水准，其治疗方法也多是行之有效的。一批疗效很高的驱虫或杀虫药，经千百年的实践认识，被确定下来，有的至今仍在使用，并经现代科学方法研制出新一代药品，受到国内外的高度重视。

　　除了人体寄生虫研究外，对自然界昆虫寄生的现象，我国古代也取得了诸多研究成果。比如春秋时期的《列子·汤问》记载："焦螟群飞而集于蚊睫，弗相触也。栖宿去来，蚊弗觉也。"

意思是说：有一种叫焦螟的虫，平常结群生活在蚊子的睫毛上，焦螟之间没有身体接触，蚊子也感觉不到它的存在。

焦螟也称"焦冥"，是传说中一种极小的虫。据当代昆虫学家研究，它可能是一种寄生性的螨类，可见我们祖先在2000多年前，就已经观察到有一种螨虫会寄生在蚊虫身上。

《尔雅》一书中提到寄生蝇，叫"蚤"，是古人在养蚕生产实践中发现其有寄生生活的现象。

晋代郭璞在为《尔雅》作注时说，"蚤"还有一个名字叫"蛹虫"。宋代陆佃《埤雅》中的记载，蚤这种寄生蝇在蚕身上产卵等到蚕吐丝成茧时，蝇卵便生在蚕蛹中孵化为蝇蛆虫，俗称之为"蚤子"，这种蝇蛆钻进土中，不久就化为蝇。

明代生物学家谭贞默经过亲身观察，不仅验证了前人记载的正确，而且还指出这种寄生蝇是在蚕体背部产卵的，所有的卵都要化为蝇蛆，吮食蚕蛹体组织，最后钻出，化为

螨虫 属于节肢动物门蛛形纲蜱螨亚纲的一类体型微小的动物。螨虫成虫有4对足，一对触须，无翅和触角，身体不分头、胸和腹3部分，而是融合为一囊状体，有别于昆虫。虫体分为颚体和躯体，颚体由口器和颚基组成，躯体分为足体和末体。前端有口器，食性多样。

■郭璞塑像

成虫，即蝇。

　　古代人所说的蚤虫，实际上就是多化性的蚕蛆蝇。它的幼虫寄生于蚕体，便造成了家蚕蝇蛆病害。明代的谭贞默曾经正确地指出过，受蚕蛆蝇寄生为害的主要是夏蚕。

　　夏蚕中有十分之七的蚕蛹有蝇蛆寄生，所以不能正常发育，只有十分之三的蚕蛹能正常发育成熟。可见其对蚕业生产为害之烈。

蜾蠃 属昆虫纲，胡蜂科，又名土蜂、蟺蝓、细腰蜂。它长得像蜜蜂，但是比蜜蜂小得多。头部球形，触角细长，复眼卵形，有单眼3个。腹部7节，腰细。其巢多筑于树枝、树干、石上、地上及建筑物等处。蜾蠃天生有寄生的习性。

　　由此可以看出，郭璞之所以又把蚤叫作"蛹虫"，是因为这种寄生蝇是蚕的主要虫害之一，而它的幼虫在离开蚕体之前，多半是生活在家蚕生活史中的蛹期，即蛹变为成虫以前的一段时期。所以蛹虫有蛹中之虫的意思。这说明我国至迟在晋代，人们就已知道蚕蛆蝇的寄生生活。

　　螟蛉是青虫，是一种昆虫的幼虫；蜾蠃就是细腰蜂，是蜂的一种。《诗经》中有"螟蛉有子，蜾蠃负之"的诗句。从诗句中可以看出，早在3000多年前，人们就已经观察到了细腰蜂有捕捉其他昆虫幼虫的习性。捕捉来幼虫作什么用呢？

　　在先秦的著作中没有说明。后来的学者对此有各种解释，有的学者如汉代扬雄就认为，细腰蜂捉来死的青虫，便对它念咒："像我！像我！"时间长了，死青虫就变成了细腰蜂。后来有不少学者都相信扬雄的说法。

事实上，这个观察不仔细，还不了解事物的本质。但是也有些学者，不相信扬雄的看法，他们通过亲自考察，逐步解开了"螟蛉有子，蜾蠃负之"的秘密。

南北朝时期医学家陶弘景，不相信蜾蠃无子，决心亲自观察以辨真伪。他找到一窝蜾蠃，发现雌雄俱全。这些蜾蠃把螟蛉衔回窝中，用自己尾上的毒针把螟蛉刺个半死，然后在其身上产卵。

原来螟蛉不是义子，而是用作蜾蠃后代的食物，蜾蠃是寄生蜂，它常捉螟蛉存放在窝里，产卵在它们身体里，卵孵化后就拿螟蛉做食物。陶弘景通过有针对性的观察，揭开了这个千年之谜。

陶弘景说还有一种是钻入芦管中营窠的蜂，它是捕取草上的青虫作为后代食粮的。

其后，宋代本草学家寇宗奭已经观察到细腰蜂是将卵产在被捕捉的青虫身上的。明代官员、诗人皇甫汸在《解颐新语》一书中指出，螟蛉虫在窠内并没有死，但也不能活动。他还精细地观察到，如果被获物是蜘蛛的话，那么蜾蠃是将卵产在蜘蛛的腹胁的中间，它和蝇蛆在蚕身上产卵是一样的。这些观察是完全正确的。

阅读链接

蜾蠃是一种绿色小虫，蜾蠃是一种寄生蜂。蜾蠃常捕捉螟蛉存放在窝里，产卵在它们身体里，卵孵化后就拿螟蛉做食物。古人误认为蜾蠃不产子，喂养螟蛉为子。

在古代汉语里称养子为"螟蛉子"，这从反面说明，收养者正如同蜾蠃，并不纯粹出于慈悲心肠。虽然螟蛉儿未必真能延续家族香火，但是年老之后需要有人奉养时，有养子当然就有了一条相对比较可靠的后路。也有更低的追求，只为百年之后，坟头上有人烧一炷香，撒几张纸钱。

古代食用昆虫的利用

　　在那个茹毛饮血的蛮荒时代，人类与动物共存，在长期较量中凡是能战而胜之者，皆可成为自己的口中之食，小小的昆虫当然更不在话下。尤其在抓不到野兽就要饿肚子的时候，用昆虫来充饥毕竟要容易多了。

　　昆虫种类繁多，有的昆虫含有丰富的营养，味道鲜美，比如蝉、蚁、蛹、蝗、蝶等，很早就是我国古代餐桌上的佳肴。

　　我国的食虫历史早在3000年前的《尔雅》《周礼》和《礼记》中就记载了蚁、蝉和蜂3种昆虫加工后供皇帝祭祀和宴饮之用。

■ 可食用的昆虫

■ 孔子与弟子塑像

在《庄子·达生》中曾记载了一个吃蝉者捕蝉的故事：

孔子到楚国去，走出树林，看见一个驼背老人正用竿子粘蝉，就好像在地上拾取一样。原来老人捕蝉是为了享受蝉的美味。

孔子就问道："先生捕蝉而食，方法巧妙。这里面有什么门道吗？"

驼背老人说："我有我的办法。经过五六个月的练习，在竿头累迭起两个丸子而不会坠落，那么失手的情况已经很少了；迭起3个丸子而不坠落，那么失手的情况10次不会超过一次了；迭起5个丸子而不坠落，也就会像在地面上拾取一样容易。"

孔子露出钦佩的神情。

老人接着说："我立定身子，犹如临近地面的断木，我举竿的手臂，就像枯木的树枝；虽然天地很

孔子（前551年—前479年），姓孔名丘，字仲尼。生于东周时期鲁国陬邑，即今山东省曲阜市南辛镇。春秋末期的思想家和教育家，儒家思想的创始人。孔子集华夏上古文化之大成，被后世统治者尊为孔圣人、至圣先师、万世师表。孔子和儒家思想对我国和世界产生了深远影响。

■《礼记·内则》

大，万物品类很多，我一心只注意蝉的翅膀。我从不思前想后左顾右盼，绝不因纷繁的万物而改变对蝉翼的注意，为什么不能成功呢！”

孔子听完，顿有感悟，他转过身对弟子们说：“运用心志不分散，就是高度凝聚精神，说的就是这位驼背的老人吧！”

其实，古人食用昆虫，由来已久。早在周代的《周礼·天官》中就记载可供食用的昆虫有蚁、蝉、蜂3种。其中记有“蚳醢”。“蚳”就是蚁卵，“蚳醢”就是用蚁卵加工成的蚁卵酱。

当时王宫里有专做食物的人，将蚁卵交给他们做成蚁子酱，供“天子馈食”和“祭礼”之用，是古代掌权者的席上佳肴。《礼记·内则》还有古代帝王用白蚁幼虫做酱供天子祭祀之用的记录。

这种蚁子酱在秦汉之前，称得上是山珍海味，不但为上层人物所食，而且还用作祭祀时的祭品。后来这种蚁子酱在我国南方一些地方一直流传下来，至唐代仍然是待客的佳品。

唐代唐懿宗时人段公路《北户录》记载：“广人于山间掘取大蚁为酱，名‘蚁子酱’。”

白蚁 也称“虫尉”，俗称“大水蚁”，因为其通常在下雨前出现，因此得名。等翅目昆虫的总称，约2000多种。其为不完全变态的渐变态类并是社会性昆虫，每个白蚁巢内的白蚁个体可达百万只以上。白蚁营养丰富，味道鲜美，有一定的药理作用，不仅可食用，还能治疗一些人类疾病。

唐代人们把蝗虫也列入食品，《农政全书》记载："唐贞观元年，夏蝗，民蒸蝗曝，飏去翅足而食之。"北宋文学家范仲淹疏说："蝗可与菜煮食。"徐光启在《囤盐疏》还记录了当时天津地区人们把蝗虫当作美味食品互相赠送。

三国曹魏著名文学家曹植在《蝉赋》中，记述了蝉一生遇到过各种天敌，而最后的"天敌"是厨师。可见那时吃蝉的人很多。那时是将蝉放在火上烤熟后食用，这样处理可使蝉香脆而多味。

蜀汉安乐公刘恂《岭表寻异》说道："交广间洞酋长收蚁卵，淘泽令净，卤以为酱。或云其味酷似肉酱，非官客亲友不可得也。"可见已被广泛食用。

古代可作食用的昆虫不止这几种，还有蠹、蝗、蝶、蜂等。有的是食成虫，但大多是食其幼虫或卵。如南方人喜欢吃蚕蛹，也有人喜欢吃蜂的幼虫。清代还有食豆虫的习惯。

南北朝时期，吃蝉的人少了，取而代之的是"蜂"。《神农本草经》认为：蜂子，气味甘平微寒，有补虚功能，久服令人光泽不老。

据清代文学家蒲松龄《农蚕

范仲淹（989年—1052年），北宋时期著名的政治家、思想家、文学家和将领，因谥"文正"，世称"范文正公"。文学素养很高，写有著名的《岳阳楼记》，其中"先天下之忧而忧，后天下之乐而乐"为千古名句。也留下了众多脍炙人口的词作，如《渔家傲》《苏幕遮》，苍凉豪放、感情强烈，为历代传诵。

■ 曹植（192年—232年），字子建。因封陈王，故世称陈思王。生于沛国谯，即今安徽省亳州市。曹操之子，曹丕之弟。三国曹魏著名文学家，建安文学代表人物和集大成者。有《白马篇》《飞龙篇》《洛神赋》，其中《洛神赋》为最。

经》记载:

> 豆虫大,捉之可净,又可熬油。法以虫掐头,掐尽绿水,入釜少投水,烧之炸之,久则清油浮出。每虫一升,可得油四两,皮焦亦可食。

这种豆虫是豆天蛾的幼虫,有手指粗细。

此虫多生在豆地里,食豆叶和豆荚,对豆类作物危害极大,农民常进行手工捕捉。捉时手提小桶,见豆叶有被噬现象,或豆棵下有新鲜虫屎,即将豆叶翻过来细察,发现后取之入桶中,然后做成食物。

有趣的是,古代人们还把臭虫、蜻蜓、天牛等昆虫作为"山珍海味"。

例如《耕余博览》记载:唐剑南节度使鲜于叔明嗜臭虫,"每采拾得三五升,浮于微热水,泄其气,以酥及五味遨卷饼食之,云天下佳味。"古人竟能把臭虫加工成天下佳味,可见他们的加工技术多么高超。

晋代学者崔豹《古今注》记载了食用蜻蜓的情况。南北朝时期的陶弘景在《本草经集说》里说,把蛴螬与猪蹄混煮成羹,白如人奶,勾人食欲。

崔豹 晋代渔阳人,位于现在的北京市密云县西南。汉惠帝时官至太子太傅丞。长于王氏礼,为经学博士。撰有《古今注》3卷,一部对古代和当时各类事物进行解说诠释的著作。它对我们了解古人对自然界的认识、古代典章制度和习俗,有一定帮助。

■ 蒲松龄故居里的雕像

清代医学家赵学敏在《本草纲目拾遗》中引《滇南各甸土司记》说：腾越州外各土司中，把一种穴居棕木中的棕虫视为珍馔。土司饷贵客必向各峒丁索取此虫作供。"连棕皮数尺解送，剖木取之，作羹绝鲜美，肉亦坚韧而膄，绝似东海参云。"

■炸蚕蛹

实际上，现在广东一带市场上还把棕虫卖作为生食。我国传统名点八珍糕，就是用蝇蛆作为调料，经过洗涤、曝干、磨碎等程序，与糕粉混合后复制而成的。

古人餐桌上的昆虫，在现代人的"食谱"中，大部分已经消失了。但蚁卵、龙虱、蚕蛹、蝗虫等，仍是人们的佳馔。

阅读链接

在云南等少数民族地区，现依然保持着古老的食用昆虫的习俗。傣族地区有一种叫酸蚂蚁的，体躯很大，傣族人用细网兜住蚁巢，成蚁负蛋而出，却过不了网兜，只得留下蚁蛋来。蚁蛋拌鸡蛋炒，味道极美。

在基诺族地区，有一种群居树上的大蚂蚁，从巢穴里可掏到一面盆的蚁蛋，这些蚁蛋大的似豆子，小的如罂粟籽，用醋拌后吃在嘴里"啪啪"作响，别有一番滋味。

古老的食用昆虫的习俗，已经成为了眼下的昆虫美食饮食时尚。

古代治蝗研究的成果

我国自古就是一个蝗灾频发的国家，受灾范围、受灾程度堪称世界之最。因而我国历代蝗灾与治蝗问题的研究成为古今学者关注的主题之一。蝗灾是世界性的灾变，而且源远流长。

我国古代治蝗积累了丰富的经验，出现了不少影响深远的治蝗类农书。书中在蝗虫的习性、蝗灾的发生规律、除蝗的技术等方面都有了初步的科学认识和总结，是宝贵的历史遗产。

蝗虫极喜温暖干燥，蝗灾往往和严重旱灾相伴而生，有所谓"旱极而蝗""久旱必有蝗"之说。

■蝗虫浮雕

■姚崇（650年—721年），他年轻时喜好逸乐，年长以后，才刻苦读书，大器晚成。历任武则天、唐睿宗、唐玄宗3个朝代宰相，有"救时宰相"之称，是我国历史上的著名宰相。对"开元之治"贡献尤多，影响极为深远。

715年农历六月，唐代时的山东发生蝗灾，中书令姚崇差御史下诸道，采用驱赶、扑打破焚烧、挖沟土埋等多种办法消灭了蝗虫。这一年，农田有一定收获，百姓没有挨饿。

第二年，山东、河南、河北蝗灾又起。山东百姓皆烧香礼拜，眼看蝗虫食苗，手不敢捕，河南、河北的蝗虫所经之处，苗稼皆尽。

面对如此严重的蝗灾，姚崇仍主张采用驱扑焚埋的办法除治蝗虫，认为只要上下齐心协力，必能治住蝗虫，即使有除治不尽的地方，也比养患成灾强。

当时不少人认为，蝗是天灾，岂可制以人力。是除治还是不除治，在当时两种思潮的斗争十分激烈。最后，姚崇用很多历史故事讲明了治蝗的意义，并用官爵向皇帝担保，如果治不下去，就请削除官爵。姚崇的治蝗主张得到了皇帝的支持。

在姚崇的领导下，派御史为捕蝗使分道杀蝗，全国捕蝗900万担，蝗虫因此也渐止息。

其实，我国自古农业害虫就很多，尤以蝗虫、螟虫和黏虫为害最烈。在唐代之前，先民们也一直在与虫灾作不懈的斗争。

春秋战国时期，虫害同水、旱、风雾雹霜、疾疫并列为国家"五害"之一，并在政府中设官掌管治虫。当时已知飞蝗的若虫和成虫之

■《吕氏春秋》

间的区别及其相互关系。

《礼记·月令》多处谈及气候异常会引起蝗、螟灾害，说明当时对害虫发生的条件已有所认识。

早期的简易方法为人工扑杀，包括扑打、捕捉、烧杀和饵诱等，是最原始、简易的防治方法。

如《吕氏春秋·不屈》中有人工扑打害虫的较早记载："蝗、螟，农夫得而杀之。"

用饵诱方法除虫的记载，首见于东汉政治家崔寔《四民月令》，书中提到用包过或插过炙脯的草把诱虫，这也是古代人民的一种创造。

我国是全世界制定治蝗法规的先行者，比如宋代颁布的法规《熙宁诏》和《淳熙敕》等。以后历代都把捕蝗列为国家要政，与农业大害的蝗虫展开了持久的斗争。

南宋时期农学家陈敷《农书》明确提到桑田除草的目的之一是防虫，是世界上以虫治虫的最早记载。

南宋治荒名吏董煟《救荒活民书》引北宋时的经验，根据蝗虫不食豆苗的特性，提倡广种豌豆以避免蝗害。

后来许多治蝗专书都有类似记载，并指出除豌豆外，则虫螟不生，还有绿豆、豇豆、芝麻、薯蓣，以及桑、菱等10多种蝗虫不食的作物。

崔寔（约103年—约170年），涿郡安平人，即现在的河北省安平。东汉后期政论家。曾任郎、五原太守等职，并曾参与撰述本朝史书《东观汉记》。又著有《四民月令》，已佚，不过大部分内容保存在《玉烛宝典》一书中。

明代农学家徐光启的《农政全书》指出，轮作制度被列为害虫防治的重要手段之一。种棉两年，翻稻一年，则虫螟不生，并指出除豌豆外，超过3年不轮种则生虫害。

明代末期《沈氏农书》认为种芋年年换新地则不生虫害，也进一步认识到杂草是害虫越冬和生息的场所，强调了冬季铲除草根的除虫作用。

清代已经有人认为一天之中要抓住蝗虫"三不飞"，即早晨沾露不飞、中午交配不飞、日暮群聚不飞的时机进行扑打最有效等，说明已知根据害虫的发生规律和生活习性进行防治。清代还创造了专治稻苞虫的竹制虫梳和专治黏虫的滑车等。

古代生物防治蝗虫方法的产生和发展也很突出。古人对昆虫的天敌早有观察。《诗经·小雅》记载有名叫"蜾蠃"的细腰蜂经常衔负螟蛉的幼虫。《尔雅·释鸟》注意到鹪鹩剖苇、啄木鸟捉虫的习性。

南北朝时期医药学家陶弘景《名医别录》指出这是一种寄生现象；《南方草木状》说岭南一带柑农常到市场连窠买蚁防治柑橘虫害；明代末期《沈氏农书》更进一步认识到杂草是害虫越冬和生息的场所，是世界上以虫治虫的最早记

■ 徐光启的著作《农政全书》

载，陈敷《农书》明确提到桑田除草的目的之一是防虫。

古代用于防治害虫的药物种类范围颇广：植物性的有嘉草、莽草、牡菊等；动物性的有蜃灰、蚕矢、鱼腥水等；矿物性的有食盐、硫黄、石灰、砒霜等。

施用方法也多种多样，用饵诱方法除虫的记载，包括混入种子收藏，拌同种子种植，浸水或煮汁洒喷，点燃熏烟，直接塞入或涂抹虫蛀孔等。

此外，古代还有许多通过收获物处理等方法以防虫害，如汉代王充《论衡》提到麦种，必须烈日晒干然后收藏；《农政全书》提到棉子用腊月雪水浸可以防蛀；《豳风广义》和《农圃便览》等提到用沸水和雪水冷热交替浸种可以防病防虫等。

总之，我国古代人民对蝗害有一定的认识，历代政府不仅在防治技术上采取了多种措施，说明已知根据害虫的发生规律和生活习性进行防治，而且不断总结经验，逐步形成了治蝗的法规，如选择抗虫品种、精耕细作、清除杂草、轮种间作、药物防除等。其中的很多经验，至今仍有参考意义。

阅读链接

清代雍正年间，有一年渤海滩一带发生了蝗灾，飞蝗遍野，禾稼一空。朝廷接到百姓上书，便派将军刘猛率兵灭蝗。

刘猛到了渤海滩，见蝗虫聚似山丘，涌如波涛，大惊失色，便迅速率兵昼夜捕打，但蝗虫依旧铺天盖地。

据传说，刘猛看着这漫天涌来的蝗群，催马引蝗虫直奔渤海，海水涌起3米巨浪。刘猛不见了，成群成群的蝗虫也卷入了海底，蝗灾消除了。

后人为了纪念刘将军除治蝗灾，保护禾苗，便在武帝台上修建"蚂蚱神"庙宇，以祈人寿年丰。

明清生物学

明清两代在我国文化史上的一个重大贡献，便是对几千年浩如烟海的典籍文物进行了收集、订正、考辨和编纂，显示了统一的封建帝国的博大气象。其中在生物学方面，其整理和创新工作也是空前的，许多文化人也为此付出毕生精力，取得了我国古代史上的最高成就。

明末清初一些重要作物开始传入我国，使我国植物种类有所增多，随之出现的植物图谱和专著，以及对水生动物的研究利用和本草学方面的建树，展示了这一时期我国生物学的最高水平。

重要植物输入与研究

在原始社会，我国的粮食品种主要有：粟、黍、稻、大豆、大麦、小麦、薏苡等。北方以种植粟、黍粮食品种为主，南方以种植水稻为主。

明末清初，随着中外交流的增多，一些重要的粮食作物和经济作物开始传入我国。在这之后植物的种类也在增多。

整个明清时期传入的重要植物，包括粮食作物、蔬菜作物和经济作物。其中，甘薯、玉米、烟草的引入，对我国人民的生产和生活影响很大。

■古代的玉米粮仓

■播种番薯场景

明代万历年间，福建省长乐县青桥村人陈振龙，年未到20岁中秀才，后来乡试不第，遂弃儒从商，到吕宋岛经商。吕宋岛就是现在的菲律宾。

在吕宋岛，陈振龙见当地到处都种有甘薯，可生吃也可熟食，而且还容易种植。他联想到家乡时常灾害，食不果腹，就用心学会了种薯的方法，并出资购买薯种。

1593年农历五月，陈振龙密携薯藤，避过出境检查，经7昼夜航行回到福州。

当时正值闽中大旱，五谷歉收，陈振龙就让儿子陈经纶上书福建巡抚金学曾，推荐这种适应性很强，不与稻麦争地，耐旱，耐瘠薄的高产粮食作物。

陈振龙父子根据金学曾觅地试种的建议，在达道铺纱帽池舍旁空地试种。4个月后，甘薯便收获，可

秀才 原指才之秀者，始见于《管子·小匡》。汉代以来成荐举人才的科目之一。亦曾作为学校生员的专称。读书人被称为秀才始于明清时代，但"秀才"之名却源于南北朝时期。其实"秀才"原本并非泛指读书人，《礼记》称才能秀异之士为"秀士"，这是"秀才"一词的最早来源。最早有秀才之称的，是西汉初期的贾谊。

■ 收获番薯场景

《金薯传习
录》 清代陈世
元著。是一部引
种、推广、种植
和传播甘薯的农
业科学史料汇
编，是一部珍贵
的科学史文献。
目前收藏于福建
省图书馆特藏
部。现在市面上
出版的都是根据
收藏于该馆的海
内孤本为底本影
印出版的。

以用来充饥。

金学曾闻讯大喜，于次年传令遍植，解决闽人缺粮问题。他又在陈经纶所献《种薯传授法则》基础上，写成我国第一部薯类专著《海外新传》，宣传甘薯好种、易活、高产的优点，并传授种植方法。

在金学曾的鼓动下，福建各县如法推广。种甘薯的地方，灾害威胁都大为减轻。

福建人感激金学曾推广之德，将甘薯改称"金薯"，因其由外国引进，又称"番薯"。因地下块如瓜，我国北方又称"地瓜"。

后来，陈振龙后代又传种到浙江、山东、台湾等地。陈振龙五世孙陈世元又撰《金薯传习录》传世。清代，金薯种植推广到全国各地。

为纪念陈振龙引进薯种和金学曾推广种植的功绩，福建人曾在福清县建立"报功祠"。清代道光年间，福州人何则贤在乌石山建"先薯亭"以为纪念。陈振龙被称为我国的"甘薯之父"。

陈振龙把甘薯引入了我国，并改善了我国农作物的结构和食谱，成为我国旧时代度荒解饥的重要食物之一。

另据记载，甘薯传入我国有3条途径：一是葡萄牙人从美洲传到缅甸，再传入我国云南；二是葡萄牙人传到越南，东莞人陈益或者吴川人林怀兰再传入广东；三是西班牙人从美洲传到吕宋岛，长乐人陈振龙再传入我国福建。

不管怎么说，我国引种番薯第一人之功，林怀兰、陈振龙和陈益均可享此美誉。他们各自引种，互不关联，但都为缓解当时国人的温饱作出了杰出的贡献，在我国农业发展史上有重要意义。

陈益（？—1592年），虎门北栅人。曾从安南即现在的越南带薯种回国，在花园里繁殖，继而购地35亩，进行扩种，因薯种来自番邦，故名为"番薯"。陈益临终时遗书后人，嘱咐每逢祭奠，祭品中必要有番薯，陈氏后人代代遵循。

■番薯成为当时的主要食物

■ 晾晒甘薯干

《甘薯疏》 甘薯，即红薯，原产美洲中部，到16世纪70年代由菲律宾的吕宋引种到我国的南部沿海地区普种，现已在我国北方各省种植。疏，解说，疏通。序，说明全书概要，排在正文前面的文字。题目的意思是关于《甘薯疏》的"序言"，借自己移植甘薯成功的事实，批判在生物移植上的保守观点，说明十之八九的生物都是可以移植的。

特别值得指出的是，明代著名学者、农学家徐光启为甘薯在全国推广不遗余力的工作。他把甘薯的优点归纳为"十三胜"，自己亲自动手进行引种试验，努力研究解决薯种的收藏越冬问题。

他先用木桶竹藤把薯种运到北方，然后又提出利用窖藏的方法，从而解决了薯种在北方的越冬问题。

经过各地农民的辛勤实践，终于较好地解决了北方第二代薯种的问题。甘薯很快在大江南北广泛种植，成为我国重要的粮食作物。

徐光启还总结编写了《甘薯疏》一书，只可惜，此书在后来失传。该书对甘薯的宣传推广、生物学特性的认识和种植技术改进提高起到了良好作用。

甘薯的传入，只是明清时期传入的国外农作物品种之一。整个明清时期传入的重要植物主要有：粮食作物甘薯、玉米和马铃薯；蔬菜作物有西红柿、辣椒、甘蓝和花椰菜等；经济作物有烟草和向日葵等。

这些植物的引进，与明清时期的社会环境有关。在当时，我国人口增殖较快而又灾荒频繁。一些学者曾在明代写下不少植物专著帮助救荒。

但是煮食野菜的方法只是杯水车薪，而对于大规模的饥荒而言，这种煮食野菜方法的作用毕竟是非常有限的，而且这类植物从味道、营养和毒性等方面考虑，局限性也很大。

显然，寻找新的适应性广、抗逆性强、产量高的粮食作物，是摆在当时社会面前的重要问题。

而甘薯的传入，就在一定程度上解决了人们的吃粮问题。其他植物如玉米、马铃薯、西红柿等的传入，对我国农作物种植结构产生了很大影响。

玉米原产于拉丁美洲的墨西哥和秘鲁沿安第斯山麓一带。它的传入也在明代末期。

西红柿 我国人把番茄叫西红柿，说明它是外来的。番茄最初源于南美洲，秘鲁的野生番茄品种最多，现在依然有8种以上。在哥伦布发现新大陆后，番茄于16世纪传入欧洲诸国，17至18世纪从欧洲传入我国。西方来的，形似柿子，故名"西红柿"。

■ 西北农家院内的玉米

■ 徐光启塑像

《留青日札》
明代田艺蘅撰，
39卷。田艺蘅浙
江钱塘人。以选
贡授应天教授。
该书杂记明朝社
会风俗、艺林掌
故。书中零星记
及政治经济、冠
服饮食、豪富中
官之贪渎、乡村
农民之生活，以
及刘六、刘七、
白莲教马祖师之
起事情形，颇有
资料价值。

明代嘉靖年间学者田艺蘅的《留青日札》中将玉米称为"御麦"。书中写道："御麦出西蕃，旧名'蕃麦'，以其曾经进御，故名'御麦'。"

此外，李时珍的《本草纲目》也记载有玉米，并附有一幅不太准确，但大体反映出玉米特征的写生图。徐光启的《农政全书》也有记述。

一般认为玉米传入我国的途径有3条：一条是由东南亚经闽广传入内地；一条是从印度、缅甸入云南；一条是经波斯、中亚至甘肃的西北路线。

在18世纪中期至19世纪初期，玉米已在我国大规模推广，这与玉米适应性广，耐瘠薄，产量有保障，适于在当时许多新开垦的山地上推广有关。另外在育种上也有了突破，出现了适应我国各条件的新品种。

上述原因使玉米成为我国仅次于稻麦的重要粮食作物。

马铃薯主要分布在南美洲的安第斯山脉及其附近沿海一带的温带和亚热带地区。传入我国后它的称号极多。在东北地区叫"土豆"，华北地区叫"山药蛋"或"地蛋"，西北地区叫"洋芋"或"阳芋""洋山芋"，广西人称之为"番鬼慈姑"，广东人称之为"荷兰薯"，江浙一带叫它"洋番芋"。

马铃薯在徐光启以前已传入中国，因为徐光启所写的《农政全书》中记载有"土豆"。在《农政全书》卷28记载有下述一段话：

> 土芋，一名土豆，一名黄独。蔓生叶如豆，根圆如鸡卵，内白皮黄……煮食、亦可蒸食。又煮芋汁，洗腻衣，洁白如玉。

由此可见，土豆的引进在1633年前无疑。更准确地说，马铃薯在1628年前已传入中国，并且广为人知，普遍栽种，因为1628年为《农政全书》出版的大致时间。

马铃薯传入我国的时间至今颇有争议，各种说法之间差距较大，这一文化疑案还有待新材料的发现和学者们的深入研究。

西红柿原产于中美洲和南美洲，产地名称叫做"番茄"，是明代时传入我国的。

《农政全书》

基本上囊括了古代农业生产和人民生活的各个方面，而其中又贯穿着一个基本思想，即徐光启治国治民的"农政"思想。贯彻这一思想正是《农政全书》不同于其他大型农书的特色之所在。该书由明代徐光启撰。书在其生前并未定稿，后由陈子龙等整理而成。

125

近世成就

明清生物学

■《广群芳谱》

很长时间作为观赏性植物。当时称为"番柿"，因为酷似柿子，颜色是红色的，又来自西方，所以有"西红柿"的名号。明代官员王象晋成书于1621年的《群芳谱》记载：

> 番柿，一名六月柿，茎如蒿，高四五尺，叶如艾，花似榴，一枝结五实或三四实，一数二三十实。缚做架，最堪观。来自西番，故名。

清代末年，我国人才开始食用番茄。

辣椒起源于中南美洲热带地区的墨西哥、秘鲁等地，是一种古老的栽培作物。传入我国有两条路径，一是声明远扬的丝绸之路，从西亚进入新疆、甘肃、陕西等地，率先在西北栽培；一是经过马六甲海峡进入我国，在南方的云南、广西和湖南等地栽培，然后逐渐向全国扩展。

甘蓝起源于地中海至北海沿岸。而我国最早的记述是清代植物学家吴其濬撰的《植物名实图考》，当时有称"回子白菜"。估计其

生物寻古
生物历史与生物科技

传入途径为"丝绸之路",以后再从西北至华北，时间约在19世纪之前。至于紫甘蓝传入我国的时间更短，估计不到100年。

花椰菜原产于地中海东部海岸，约在清代光绪年间引进我国。又名花菜、椰花菜、甘蓝花、洋花菜、球花甘蓝。有白、绿两种，绿色的叫"西蓝花""青花菜"。

烟草产地大致有亚洲、非洲、南美洲这三地，也是明代末期传入我国的。据明代医学家张景岳撰《景岳全书》记载，烟草在明代万历年间传到东南沿海的福建、广东，随后江南各省都有栽种。

烟草在引入我国后，由于其本身具有可用为嗜好品的特点，很快就在全国各地推广。在其引进和发展过程中，人们对其利害关系就聚讼纷纭。一方面，烟草给人类的身体健康造成巨大危害；另一方面，它又确有点驱寒祛湿的作用。在生物学中，它是遗传学的良好的实验材料。

向日葵原产北美洲。就目前所能查到的多部地方志情况来看，明代纂修的方志物产中有不少关于向日葵的记载，因此明代中后期，向日葵在我国部分省份种植是比较主流的一种说法。

总之，明清时期传入的这些植物，不但是增加了我国作物种类，同时对于我国农业生产和国民经济的发展，产生了重大的影响。

阅读链接

汉代开通的丝绸之路，让东方的丝绸输往波斯和罗马，西方的珍异之物如植物、香料、水果、药材输往我国。而从广州、杭州、泉州等地经南洋抵达印度、阿拉伯海和非洲东海岸的"海上丝路"也相继开通。从此之后，世界上所有的文明形态都连接在了一起。

在陆上丝路和海上丝路这两条线路上，古往今来，那些看似无关紧要的花花草草，却牵动了我国历代朝野，引出了无数传奇故事，令人在感触历史温度的同时产生遐想。

植物图谱与专著的编撰

植物图谱是按类编制的植物图集，植物专著是植物领域的专题论著。明清时期的植物图谱和植物专著，展示了这一时期植物学的最高水平。明清时期重要的植物图谱是朱橚的《救荒本草》，科学价值比较高的植物学专著或药用植物志是吴其濬的《植物名实图考》。

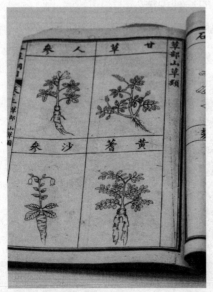

《救荒本草》是我国明代早期的一部植物图谱，它描述植物形态，展示了我国当时经济植物分类的概况。

这两部著作在我国古代生物学领域占有重要地位，并产生了深远影响。

■植物纲目

朱橚是明朝开国皇帝明太祖朱元璋的第五个儿子，明成祖朱棣的胞弟。

明太祖朱元璋建立明王朝后，在加强中央集权的同时，实行分封制，于1370年，分封其九子为王，建藩于各战略要地，让他们震慑四方。朱橚被封为吴王。

朱橚年轻时期就对医药很有兴趣，认为医药可以救死扶伤，延年益寿。

■ 植物 九牛草

他在云南期间，对民间的疾苦了解增多，看到当地居民生活环境不好，得病的人很多，缺医少药的情况非常严重。于是他组织本府的良医李佰等编写了方便实用的《袖珍方》一书。

朱橚深知编著方书和救荒著作对于民众的重要意义和迫切性，并利用自己特有的政治和经济地位，在开封组织了一批学有专长的学者，如刘醇、滕硕、李恒、瞿佑等，作为研究工作的骨干，还召集了一些技法高明的画工和其他方面的辅助人员组成一个集体。

朱橚大量收集各种图书资料，又设立了专门的植物园，种植从民间调查得知的各种野生可食植物，进行观察实验。不难看出他是一个出色的科研工作的领导者和参加者。

朱橚组织和参与编写的科技著作共4种，分别是《保生余录》《袖珍方》《普济方》和《救荒本草》。

明太祖朱元璋（1328年—1398年），字国瑞，原名朱重八，后取名兴宗。濠州钟离人。明代开国皇帝，谥号"开天行道肇纪立极大圣至神仁文义武俊德成功高皇帝"。他结束了元代的民族等级制度，努力恢复生产，整治贪官，其治国时期被称为"洪武之治"。

水英

■ 植物水英

生物寻古

生物历史与生物科技

嵩山　古名为外方、嵩高、崇高，位于河南省西部，属伏牛山系，地处登封市西北面，是五岳的中岳。历代的帝王将相、墨客骚人、僧道隐士，根据这些山峰的形态，给这些美丽的山峰命名，遂有七十二峰之说。《诗经》有"嵩高惟岳，峻极于天"的名句。

在所有著作中，《救荒本草》以开拓新领域见长，成就也最突出。

《救荒本草》是我国早期的一部植物图谱，是一部专讲地方性植物并结合食用方面以救荒为主的植物志。它描述植物形态，展示了我国当时经济植物分类的概况。

书中对植物资源的利用、加工炮制等方面也作了全面的总结。对我国植物学、农学、医药学等科学的发展都有一定影响。

《救荒本草》分上下两卷，分为5部：草部245种，木部80种，米谷20种，果部23种，菜部46种。其中出自旧本草的138种，并注有"治病"两字，新增加的276种。

《救荒本草》新增的植物，除开封本地的食用植物外，还有接近河南北部、山西南部太行山、嵩山的辉县、新郑、中牟、密县等地的植物。

在这些植物中，除米谷、豆类、瓜果、蔬菜等供日常食用的以外，还记载了一些必须经过加工处理才能食用的有毒植物，以便荒年时借以充饥。

作者对采集的许多植物不但绘了图，而且描述了形态、生长环境，以及加工处理烹调方法等。

朱橚撰《救荒本草》的态度是严肃认真的。他把所采集的野生植物先在园里进行种植，仔细观察，取得可靠资料。因此，这部书具有比较高的学术价值。

值得注意的是，《救荒本草》在"救饥"项下，提出对有毒的白屈菜加入"净土"共煮的方法除去它的毒性。

这种解毒过程主要是利用净土的吸附作用，分离出白屈菜中的有毒物质，是植物化学中吸附分离法的应用。这种方法和现代植物化学的分离手段相比显得很简单，但在当时却是难能可贵的。

《植物名实图考》是清代著名植物学家吴其濬编著的我国古代一部科学价值比较高的植物学专著或药用植物志。它在植物学史上的地位，早已为古今中外学者所公认。

吴其濬写作《植物名实图考》，主要以历代本草书籍作为基础，结合长期调查，大约花了七八年时间才完成。它的编写体例不同于历代的本草著作，实质上已经进入植物学的范畴。

《植物名实图考》全书7.1万字，38卷，记载植物1740种，分谷、蔬、山草、隰草，石草、水草、蔓草、芳草、毒草、群芳等12类。每类若干种，每种重点叙述名称、形色、味、品种、生活习性和用途等，并附图1800多幅。

吴其濬利用巡视各地的机会

■植物水甘草

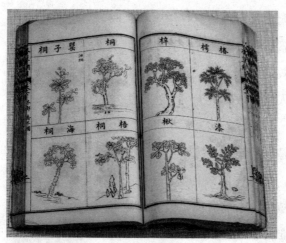

■ 植物纲目

生物寻古

生物历史与生物科技

党参 为我国常用的传统补益药物。在我国古代以山西上党地区出产的党参为上品，具有补中益气、健脾益肺之功效。清代著名植物学家吴其濬曾对党参进行研究，并将研究结果记录在《植物名实图考》中。

藿香 为唇形科多年生草本植物，分布较广，常见栽培。喜温旺湿润和阳光充足环境，宜疏松肥沃和排水良好的沙壤土。清代著名植物学家吴其濬在《植物名实图考》中画有藿香一图，和现代植物学上的唇形科植物藿香相符。

广泛采集标本，足迹遍及大江南北，书中所记载的植物涉及我国19个省，特别是云南、河南、贵州等省的植物采集的比较多。

吴其濬在山西任职时，就注意到《山西通志》上所谓山西不产党参的说法与实际不符。他发现山西不仅野外盛产党参，而且还有人工栽培。

他指出党参"蔓生，叶不对，节大如手指，野生者根有白汁，秋开花如沙参，花色青白，土人种之为利"。他还派人到深山掘党参的幼苗，进行人工栽培和观察，发现"亦易繁衍，细察其状，颇似初生苜蓿，而气味则近黄耆"。

《植物名实图考》所记载的植物，在种类和地理分布上，都远远超过历代诸家本草，对我国近代植物分类学、近代中药学的发展都有很大影响。

《植物名实图考》的特点之一是图文并茂。作者以野外观察为主，参证文献记述为辅，反对"耳食"，主张"目验"，每到一处，注意"多识下问"，虚心向老农、老圃学习，把采集来的植物标本绘制成图，到现在还可以作为鉴定植物的科、属甚至种的重要依据。

这部书主要以实物观察作为依据，作为一种植物图谱，在当时是比较精密的，是实物制图上的一大进步。

由于这部书的图清晰逼真，能反映植物的特点，许多植物或草药在《本草纲目》中查不到，或和实物相差比较大，或是弄错了的，都可以在这里找到，或互相对照加以解决。

如《植物名实图考》中藿香一图，突出藿香叶对生、叶片卵圆形成三角形、基部圆形、顶端长尖、边具粗锯齿、花序顶生等特征，和现代植物学上的唇形科植物藿香相符，而《本草纲目》上绘的图，差别很大，不能鉴别是哪种植物。

书中记载的植物，不仅从药物学的角度说明它们的性味、治疗和用法，还对许多植物种类着重同名异物和同物异名的考订，以及形态、生活习性、用途、产地的记述。

读者结合植物和图说，就能掌握药用植物的生物学性状来识别植物种类，可见《植物名实图考》一书对药用植物的记载已经不限于药性、用途等内容，而进入了药用植物志的领域。

《植物名实图考》是我国第一部大型的药用植物志，内容十分丰富，不仅有珍贵的植物学知识，而且对医药、农林以及园艺等方面也提供了可贵的史料，值得科学史家用作参考。

阅读链接

吴其濬幼年喜爱植物知识，成人以后，"宦迹半天下"，每到一处广采植物标本，向当地农民请教。

他在家守孝期间，曾经植桃800棵，种柳3000棵，建植物园"东墅"，实地观察植物生长情况，考订其药性功能。后来每到一地随时留意草木，著成《植物名实图考长编》和《植物名实图考》等巨著。

有一次，吴其濬在途中遇到山民挑担入市，担中花叶高大，便亲入深山掘得这种植物，仔细观察它的形状。可见其留心植物之精细。

水产动物的研究成果

明清时期，对水生动物的研究利用达到了高峰。著作数目较多，记述较详，有许多新的发现，其中不少种名为现代所沿用，分类方法亦有所进步，有些关于鱼类生理习性的记载颇有价值。

这一时期关于水产动物的著作中以记载鱼最多，反映了鱼类在水生动物中所占地位；记福建水产最多，反映了当时福建在沿海开发以及商业贸易中的地位。

明代末期，时任福建盐运司同知的屠本畯将各种鱼类分门别类，最终形成《闽中海错疏》这一水产类专著。

■清代双鱼金饰

张翰是西晋文学家，祖籍吴郡吴县，就是现在的江苏苏州。他为人纵放不拘，而有才名，都说他有阮籍的风度。

有一次，张翰听到一阵悠扬的琴声从一艘船上飘来，便登船拜访。张翰与那人虽素不相识，却一见如故，便问其去处，方知是要去洛阳，于是说："正好我也有事儿要去洛阳。"便和那人同船而去，连家里人也没有告知。

一天，张翰见秋风起，突然想到故乡吴郡的莼羹、鲈鱼脍，心想怎么能够舍弃朵颐之快跑到千里之外呢？于是立刻还乡。

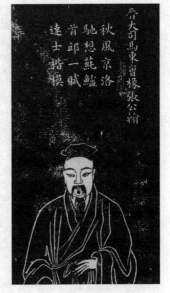
■ 张翰石刻像

西晋张翰"莼鲈之思"，成为南方人士爱好食鱼的佳话。

南方人很大部分的蛋白质是从统谓之渔业的水产品中获取的。司马迁《史记·货殖列传》中就说，南方楚、越之地的人们"饭稻羹鱼"，诚如斯言。

至明清时期，由于长江中下游地区水产业的高度发展，以鱼为主的饮食更加流行。其中以鱼为鲊的技艺，有鳇鱼鲊、鲟鱼鲊、荷包鲊、银鱼鲊、蟹鲊等10余种，鱼鲊制作工艺较以前更趋精致。

比如太湖地区荷包鲊的制作，多用溪池中莲叶包裹，数日即可取食，与装在瓶中鱼鲊相比气味特妙。

荷包鲊并不是直接在荷塘边制作的，而是先将鲟鱼切成片，用米屑、荷叶分层包裹，当地人管它叫做荷包。

阮籍（210年—263年），陈留尉氏人，即现在的河南开封。我国三国时期魏的诗人，"竹林七贤"之一。曾任步兵校尉，人称"阮步兵"。与嵇康并称"嵇阮"。阮籍本有辅佐天子，济世安民之大志，但苦于时运，动辄饮酒佯狂，曾登广武而叹说："时无英雄，使竖子成名。"

■ 清代官员陈鉴画像

生物寻古

生物历史与生物科技

黄省曾 （1490年—1540年），明代学者。一生著述颇丰，内容涉及经学、史学、地理、农学等方面。他所著的《种鱼经》又名《养鱼经》，记述养鱼方法、海洋鱼类的性质及异名等。是现存最早的淡水养鱼专著。

制作鱼鲊所用原料多采用鲟鳇鱼。这主要是因为鲟鳇鱼骨质松脆、肉质细嫩，最适于制鲊。

清代康熙年间文人沈朝初在《忆江南》记载："苏州好，蜜蜡拖油鲟骨鲊"，盛赞鱼鲊美食。

明清时期，江南鱼类美食的盛行，说明这一时期水产的利用达到了一定水平。尤其是许多相关著作的问世，将水产动物的开发利用推向了一个新的历史性高度。

明清时期水产类著作，主要有专业的鱼类著作和综合性著作两大类。鱼类方面有《种鱼经》《异鱼图赞》《异鱼图赞补》《鱼品》和《江南鱼鲜品》等。兼及其他水生动物的综合性著作有《闽中海错疏》《记海错》《海错百一录》等。

明清时期鱼类专书中，以明代学者黄省曾的《种鱼经》较早，其中对《陶朱公养鱼经》的鱼池设计做了进一步补充和改进：在鱼池中做岛，环岛植树，颇有人工生态系统意味。书中分列18种淡水鱼类如鲟鳇、鳜鱼、石首、银鱼、鲫鱼等加以记述。

稍后，有明代文学家杨慎撰、明末清初官员胡世安补的《异鱼图赞》《异鱼图赞补》和《异鱼图赞闰集》，特点是以韵文形式写作，语言十分简练。

比如记有"乌贼"："鱼有乌贼，状如算囊，骨间有髻，两带极长，含水噀墨，欲盖反章。"既记形态，又记生理，还对乌贼吐墨行为作了描述。

全书记鱼类110余种，其他水生动物如龟、鳖、蚶和哺乳动物鲸、海牛等近30种。对鲸的自杀行为也有记载。《补》和《闻》集引用典故较多，种类也有所补充。

明代官员、金石家、书法家顾起元写有《鱼品》，所记都是江东地区水产数十种，文字简明。

另外福建发现1743年抄本《官井洋讨鱼秘诀》，记录了当地渔民的捕鱼经验，对官井洋的暗礁位置和鱼群早晚随潮汐进退方向以及寻找鱼群的方法都有详细记录，很有实用价值。

清代官员陈鉴写有《江南鱼鲜品》一书，记鲤、鳞、鲈、鳜、鳢、鲔等淡水鱼类18种，均有形态描述，但侧重食用价值。另外《渔书》和《鱼谱》两书，虽有著录，但都已佚失。

明清时水生动物综合性著作中比较突出的是《闽中海错疏》。此书作者是屠本畯，他在入闽任职后，应当时在京任太常少卿的余寅的要求，写成此书。

137

近世成就

明清生物学

■《陶朱公养鱼经》

屠本畯是一位学识渊博的学者，还写有《闽中荔枝谱》和《野菜笺》等书。

屠本畯熟悉海物，有实际知识和爱好。他当时任福建盐运司同知，他认为，海产动物种类繁多，与人民生活息息相关，自己身为盐务官员，并熟悉海物，因此也将写这部著作，作为自己分内的事。

《闽中海错疏》成书于1596年。是明代记述我国福建沿海各种水产动物形态、生活环境、生活习性和分布的著作。对近代生物学研究和海洋水产资源的开发有一定参考价值。

全书分上、中、下三卷。上、中卷为鳞部，下卷为介部。共记载福建海产动物200多种，包括少数淡水种类。

以海产经济鱼类为主，计有80多种，其中包括著名的海产品大黄鱼、小黄鱼、带鱼、乌贼、对虾和蟹等，分属于20目40科。此外，还有腔肠动物、软体动物、节肢动物、两栖动物及哺乳动物。

这部著作根据动物生物学特性，将它们分成许多群，在大群中还有小群，从而体现了彼此的亲缘关系，发展了自然分类体系。

《四库提要》评论这本书说："辨别各类，一览了然，有益于多识，考地产者所不废。"是非常有见地的。

屠本畯的《海味索引》可视为《闽中海错疏》的姊妹篇。屠本畯在自序中说，他食海味，随笔作赞、颂、铭等，凡十余种，其中

■ 屠本畯 生卒年不详，主要活动于1573年至1620年间。晚年自称"憨先生""乖龙丈人"等。浙江鄞县人，也就是现在的宁波。他通过调查研究，写有多部著作，著有《闽中海错疏》《海味索引》《闽中荔枝谱》《野菜笺》《离骚草木疏补》等书。内容涉及植物、动物、园艺等广阔领域。

有：蚶子颂、江瑶柱赞、子蟹解、砺房赞、淡菜铭、土铁歌、黄蛤赞、鲨笺、团鱼说、醉蟹赞、蟥鱼鲞鱼铭、青鲫歌、蛏赞、鱼颂等。

作者以多种文学形式，表述了水产动物的名称、形态、种类、性味、产地和用途多方面的知识，极有特色。

屠本畯做学问重视调查研究，不以辑录古籍资料为主。因而他描述的动植物，多数能说明其形态、生活习性等，使读者能辨认其种类。

■《四库全书总目》

《四库全书提要》说它"辨别名类，一目了然，颇有益于多识"，这一评价是公允的。他以亲自观察、调查为重点，取得直接的实物资料，故能辨别前人对动植物认识的谬误，不以讹传讹。

此外，他对前人的经验和知识颇为尊重，在《闽中海错疏》等著作中，引用了许多前人有关动植物知识的文献，但他在吸取前人科学知识时是审慎的。总之，屠本畯在生物学史上占有重要的地位。

继《闽中海错疏》问世之后，清代经学兼博物学家郝懿行著有《记海错》一卷，追记所见海产动物40余种，包括海带一种。特点是注意考证，文笔精炼。

比如记"望潮"："海蠕间泥孔漏穿，平望弥目，穴边有一小蟹，跂脚昂头，侧身遥睇，见人欸入。"于海天泥沙生境中记海蟹形态活动历历如绘，

郝懿行（1757年—1825年），山东栖霞人。清代嘉庆年间进士，官至户部主事。清代著名学者。清经学家、训诂学家、博物学家。长于名物训诂及考据之学。所著《记海错》记所见海产动物40余种，包括一种海带。本书特点是考证严谨，文笔精炼。

郭柏苍（1815年—1890年），侯官县人，即现在的福建省福州市。清代藏书家、水利学家。家资富有，热心地方公益事业。曾深入沿海各地收集海产资源资料，考证编著《海错百一录》，另著《闽产录异》，记载福建土特产、动植物和矿产等。

生意盎然，令人神往。再如记"海盘缠"：

> 大者如扇，中央圆平，旁作五齿歧出，每齿腹下皆作深沟；齿旁有髯，小虫误入其沟，便做五齿反张，合界其髯，夹取吞之。既乏肠胃，纯骨无肉。背深蓝色，杂赪以点……

在郝懿行稍后，清代水利学家郭柏苍根据自己数十年在海滨的亲见，加上采询老渔民的经验，还证之古籍，于1886年写有《海错百一录》5卷。

此书卷1、卷2记渔，写捕鱼工具及捕鱼方法，两卷共记鱼174种。

卷3记介、壳石121种。卷4记虫30种，另附记海洋植物24种，补充和丰富清代以前诸书的内容，所记多为实际观察记录，采用民间资料也较多。

卷5记海鸟、海兽、海草。堪称一部海洋生物全志。比如记鲨，首先列举"其皮如沙，背上有鬣，腹下有翅，胎生"的特点，然后根据身体大小、头部尾

■鲟鱼标本

部特点、体纹体色等加以区分。

记有海鲨、胡鲨、鲛鲨、剑鲨、虎鲨、黄鲨、时鲨、帽纱鲨、吹鲨、秦王鲨、乌翅鲨、双髻鲨、圆头鲨、犁头鲨、鼠鲼鲨、蛤婆鲨、泥鳅鲨、龙文鲨、扁鲨、乌鲨、黄鲨、白鲨、淡鲨、乞食鲨等。

综上可见，我国海域宽广、河湖众多，水生动物产量和饲养量均位世界前列，尤其是鱼文化源远流长。一些淡水鱼类饲养和海洋鱼类捕捞的生物学原理和方法，在世界文化史上呈奇光异彩。

阅读链接

屠本畯虽出身望族官宦之家，但鄙视名利，廉洁自持，以读书、著述为乐。他不但著有《闽中海错疏》，对近代生物学研究和海洋水产资源的开发有一定影响，还留有著名的读书"四当论"。

有一次，一位朋友劝他年事已高，不要这么辛苦读书。

屠本畯回答说："书对于我来说，饥以当食，渴以当饮，欠身当枕席，愁时以当鼓吹。所以我不觉得苦。"读书之乐，自在"四当"之中。

从此，他的读书"四当论"流行于世，鼓舞着历代读书人求知不倦。

药用动植物学的新发展

明清时期，人们从各个方面积累的生物学知识不断增加，比较鲜明地体现在本草学研究上。本草学著作的大量出现，标志着药用动植物研究的新发展

这一时期的本草学著作主要有：明代医学家、药物学家李时珍的《本草纲目》；清代医学家赵学敏的《本草纲目拾遗》。

尤其是《本草纲目》，是一部具有世界性影响的医药学著作。对科研、临床、教学有重要的参考价值。这部巨著受到国内外科学界的重视，已被译成多种外国文字。

■李时珍塑像

■ 李时珍采药壁画

据说李时珍在41岁时被推荐到北京太医院工作。太医院的工作经历，给他的一生带来了重大影响，为他创造《本草纲目》埋下很好的伏笔。

李时珍利用太医院良好的学习环境，不但阅读了大量医书，而且对经史百家、方志类书、稗官野史，也都广泛参考。与此同时，李时珍仔细观察了国外进口的以及国内贵重药材，对它们的形态、特性、产地都一一加以记录。

在太医院工作一年左右，为了修改本草书，他再也不愿耽搁下去了，借故辞职。

李时珍在回家的路上，有一天投宿在一个驿站。他遇见几个替官府赶车的马夫，围着一口小锅，煮着连根带叶的野草，就上前询问。

马夫告诉他说："我们赶车人，长年累月地在外奔跑，损伤筋骨是常有之事，如将这药草煮汤喝

太医院 古代专门为宫廷服务的医疗保健机构。太医院位于故宫东侧的南三所以东，后院为御药房。太医院始设于金代。除掌医药外，太医院还主管医学教育，设有各种名称的太医和医官。从金代至清代，太医院作为全国性医政兼医疗的中枢机构延续了700多年。

■ 李时珍画像

了，就能舒筋活血。"马夫还告诉他，这药草原名叫"鼓子花"，又叫"旋花"。

李时珍从马夫这里知道了旋花有"益气续筋"之用，于是将这个经验记录了下来。

这件事使李时珍意识到：要想修改好本草书，就必须到实践中去，才能有所发现。经过多年的研究和野外考察，他在75岁时写成了《本草纲目》一书。《本草纲目》是我国古代本草学上的巨著，达到了科学水平的一个新的高度，对生物学的发展也有重大的推动作用。

在《本草纲目》所载的全部药物中，有324种是李时珍新记的。记有植物药1089种，除去有名未用的153种以外，实有936种。还记有动物药400余种。分列"释名、集解、正误、修治、气味、主治、发明"等项加以说明。

这部著作的重要意义在于分类更倾向自然性，用起来也方便；形态描述更详细、准确，同时还纠正了不少以前的讹传和不实之词。

《本草纲目》将药物分成水、火、土、金石、草、谷、菜、果、木、服器、鱼、鳞、介、禽、兽、人16部。各部又细分为子类。如在草部下就分为山草、芳草、隰草、毒草、蔓草、水草、石草、苔、杂草、有名未用等类。

生物寻古

生物历史与生物科技

从这个分类来看，李时珍完全摒弃了上、中、下的三品分类法，采用的分类依据是习性、形态、性质、生态等。他对药物的考察非常深入仔细，常将具有相似疗效的植物排列在一起，说明他工作的深入。

李时珍详细地阅读过大量本草文献，并亲自对许多药物进行过细致观察，因此他在药用动植物形态描述方面通常比前人的详尽。这在指导人们寻找药物和鉴别药物有很突出的价值。

比如蛇床子，在以前的本草著作中没有形态描述，只记载了别名、产地。《本草纲目》在罗列了前书有关文字后，接着说，"其花如碎米攒簇，其子两片合成，似蒔萝子而细，亦有细棱。"

由此我们可以看出，《本草纲目》对植物形态的认识逐渐从表及里，从粗到细。反映了人们对植物和动物的认识的进步。

李时珍在订正前人的错误、谬说方面也做了大量出色的工作。他批驳了服食丹药和蝙蝠能长生的说法，证实了某些医生所说的多食乌贼鱼会使人不育，掏鹳的幼雏会导致天旱的说法，是没有根据的。

丹药 是我国医学中的一种以矿物质为主的合成药物。千百年来多以口耳相传，无过多专著流传于世。丹药起源于道教的炼丹术，也是道家炼丹术的延续与发展。炼丹术与丹药是不可分割的一个整体，如果没有道教，就不可能有我国现代的丹药。

■ 李时珍采摘草药石刻

木本 与草本相对。指根和茎增粗生长形成大量的木质部，而细胞壁也多数属于坚固木质化。木本植物因植株高度及分枝部位等不同，可分为乔木如松、杉、枫、杨、樟等，灌木如茶、月季、木槿等，半灌木如牡丹等。

他还指出草籽不能变成鱼，也弄清楚五倍子是虫瘿、鲮鲤吃蚁等。这些内容，大多反映在《本草纲目》中的"正误"和"发明"等项中，充分反映了李时珍的注重实践精神。

《本草纲目》的产生和成就的取得不是偶然的。自宋代以来，人们就积累了丰富的本草学知识，为明代的发展准备了条件。明代初中期还涌现了一批各具特色，内容新颖充实的本草著作，如《救荒本草》和《滇南本草》，这些也在客观上促进了一些大型的、总结性的著作出现。

在李时珍后较长一段时期，本草学没有大的发展。至清代赵学敏的《本草纲目拾遗》这一著作的出现，才改变了这一局面。

自《本草纲目》成书以后到赵学敏又历200余年。这期间民间的医药知识得到了很大发展，很有必要进行收集整理。

赵学敏是清代医学家。他在研究本草学方面非常严谨。从他的著作中可以看出，他经常深入民间，通过调查访问来取得第一手资料。

他注重实证，不轻信文献。药物经过临床证实，确有疗效的他才收入书中，否则"宁以其略，不敢

■ 赵学敏（约1719年—1805年），清代浙江钱塘人，即现在的杭州。赵学敏年轻时，无意功名，弃文学医，对药物特别感兴趣，广泛采集，博览群书，并将某些草药作栽培、观察、试验。著《本草纲目拾遗》10卷，丰富了中药学的内容。

欺世也"。他还亲自在药圃中种植药用植物,详细观察其生长情况和形态特征。

赵学敏这种实事求是的科学态度,是他在本草学上取得辉煌成就的主要原因。

赵学敏编著的《本草纲目拾遗》是一部为了弥补明代医学家李时珍《本草纲目》之不足而作的本草学著作。《本草纲目》是我国明代本草学的集大成之作,记载药物达1892种,其中374种属李时珍新增补。内容十分丰富,为中医药学增添了大量的用药新素材。

本书所载药物绝大部分是纲目未收录的民间药,或已见于当时其他医书上应用的品种。同时也包括一些进口药,如金鸡勒,东洋参、西洋参、鸦片烟、日精油、香草、臭草、烟草等。

在药物的分类方面,赵学敏也有所创新。他除依《本草纲目》将植物分为草、木、果、谷、蔬等部外,还另立"花部"和"藤部"。

他认为《本草纲目》无藤部,以藤归蔓类不合理。木本为藤,草

本为蔓，不能混淆，应立藤部。他还集中各种以花知名的植物为花部。另外，他对设立"人部"的依据说法很不以为然，故在他的著作中删掉了"人部"。

《本草纲目拾遗》对研究《本草纲目》和明代以来药物学的发展，是一部十分重要的参考书。它是清代最重要的本草著作，标志着我国药用动植物学的新发展，一直受到海内外学者的重视。

生物历史与生物科技

阅读链接

李时珍治学有一种高度负责的态度。有一次，他听人说北方有一种药物，名叫"曼陀罗花"，吃了后会使人手舞足蹈，严重的还会麻醉。李时珍为了寻找曼陀罗花，来到北方。

李时珍在北方艰辛寻找，终于发现了独茎直上高有四五尺，叶像茄子叶，花像牵牛花，早开夜合的曼陀罗花。为了掌握曼陀罗花的性能，他又亲自尝试，并记下了"割疮灸火，宜先服此，则不觉苦也"。

据现代药理分析，李时珍的结论是正确的。